新时期计算机教育教学改革与实践

曹灏柏　著

北京工业大学出版社

图书在版编目（CIP）数据

新时期计算机教育教学改革与实践 / 曹灏柏著. —北京 ：北京工业大学出版社，2021.10 重印
ISBN 978-7-5639-6991-3

Ⅰ. ①新… Ⅱ. ①曹… Ⅲ. ①电子计算机—教学改革—研究—高等学校 Ⅳ. ①TP3-42

中国版本图书馆 CIP 数据核字（2019）第 225613 号

新时期计算机教育教学改革与实践

著　　者：曹灏柏
责任编辑：吴秋明
封面设计：点墨轩阁
出版发行：北京工业大学出版社
（北京市朝阳区平乐园 100 号　**邮编：**100124）
010-67391722（传真）　bgdcbs@sina.com
经销单位：全国各地新华书店
承印单位：三河市元兴印务有限公司
开　　本：710 毫米 ×1000 毫米　1/16
印　　张：13.25
字　　数：265 千字
版　　次：2021 年 10 月第 1 版
印　　次：2021 年 10 月第 2 次印刷
标准书号：ISBN 978-7-5639-6991-3
定　　价：45.00 元

前　言

随着社会信息化进程的加快以及计算机教育事业的蓬勃发展，计算机应用已经深入各个领域。高校计算机教育事业面临新的发展机遇，能否熟练运用计算机也是当今社会衡量大学生综合素质的一项重要内容。培养高素质的技能型人才是推动国家经济发展的迫切需求。新时期下，高校需要推进计算机教育教学改革，进一步提升计算机教学质量。

全书第一章为绪论，主要阐述计算机教学的发展历程、高校计算机教育的基本经验、高校计算机教育教学的新一轮改革、计算机教学中应该注意的问题等内容；第二章为新时期计算机教学设计改革，主要阐述教材设计改革、任务设计改革、流程设计改革、教法设计改革、手段设计改革、环境设计改革等内容；第三章为我国计算机教学现状与学生培养方向分析，主要阐述新时期计算机课程的教学现状、新时期计算机教学培养体系、新时期计算机学生培养方向、新时期计算机学生的培养目标等内容；第四章为新时期计算机课程体系与教学体系的改革，主要阐述课程体系改革、教学体系改革、教学管理改革、师资队伍建设等内容；第五章为计算机专业核心课程教学改革，主要阐述高级语言程序设计课程教学改革实践、软件工程课程教学改革实践、面向对象程序设计课程改革实践、数据结构课程教学改革实践、数据库原理与应用核心课程教学改革实践、基于教学资源库的课程综合设计改革实践等内容；第六章为新时期计算机慕课教学模式分析，主要阐述慕课的内涵及其对我国终身教育的影响、慕课模式对我国开放课程的启示以及后慕课时代高校博雅课程教学模式分析等内容；第七章为校本特色的专业教学资源库建设与应用，主要阐述平台需求分析与系统设计、专业核心课程与特色课程的教学资源库建设以及慕课与微课资源库等内容；第八章为校企合作计算机教育教学分析，计算机教育校企合作办学的必然性、校企深度合作办学以及校企合作的主要模式等内容。

为了确保研究内容的丰富性和多样性，作者在写作过程中参考了大量理论与研究文献，在此向涉及的专家学者表示衷心的感谢。最后，限于作者水平不足，加之时间仓促，本书难免存在一些疏漏，在此恳请同行专家和读者朋友批评指正！

目　录

第一章　绪　论

随着社会生活的不断发展，计算机技术也得到了突飞猛进的发展，社会对人才的要求随之发生了变化。计算机方面的人才不局限于简单的计算机操作，而是需要应用能力和创新能力兼具的高素质人才。为了满足社会需要和学生发展需求，高校需要对计算机教育教学进行改革创新，以培养新时代人才。本章分为计算机教学的发展历程、高校计算机教育的基本经验、高校计算机教育教学的新一轮改革、计算机教学中应该注意的问题四部分，主要包括计算机的发展历程、国内计算机教学的发展历程、高校计算机教育的基本规律、高校计算机教育教学改革的背景等内容。

第一节　计算机教学的发展历程

一、计算机的发展历程

（一）电子管计算机

第一代电子管计算机是在战争中诞生的，它问世于 1946 年，是美国宾夕法尼亚大学莫尔学院电机工程系和阿伯丁弹道研究实验室研制而成的，是世界上第一台全自动通用型电子计算机。作为始祖，该机体积庞大，占地面积 170 多平方米，共用 18000 个电子管，700 只电阻和 10000 只电容器，每秒运算 5000 次，耗电 150 千瓦，质量约 30 吨，长达 30 米。目的在于计算炮弹及火箭、导弹武器的弹道轨迹。

这个时期电子计算机的操作指令是为特定任务而编制的，并且每种机器有各自不同的机器语言，因此所具有的功能会受到限制，运行速度也会比较慢。

这一时期的电子计算机以真空电子管为主要元件，整机围绕中央处理器（CPU）设计，采用磁芯、磁鼓或延迟线作存储器，应用范围主要在于科学计算。其缺点是造价高，体积大，耗能多，故障率高。

（二）晶体管计算机

为了提高计算机的运行速度，来弥补第一代计算机的缺陷，科学家们想用一种较小的元件来代替电子管，于是1947年美国贝尔实验室研制出了晶体管。美国麻省理工学院于1958年研制出晶体管计算机，揭开了第二代计算机的序幕。

这个时期的计算机用晶体管代替了真空管，以晶体管为主要元件，它还具有现代计算机的一些外部设备，如磁带、打印机、磁盘、内存、操作系统等。整机围绕存储器设计，采用磁芯作存储器。计算机的速度已提高到每秒几十万次，内存容量也提高很多，机器造价变低，体积及重量变小，耗能减少。

在这一时期也出现了更高级的COBOL和FORTRAN等语言，以单词、语句和数学公式代替二进制机器码，使计算机编程更加容易。应用范围从军事转向民用，开始在工业、交通、商业和金融等方面得到应用。此外，计算机的实时控制在卫星、宇宙飞船、火箭的制导上发挥了关键的作用。

（三）集成电路计算机

当计算机发展到晶体计算机时，它所具有的功能与目前使用的计算机就有些相似了，但其还是存在诸多问题的。因此，为了能够让计算机更好地为人类服务，科学家们在第二代计算机的基础上又研制了第三代计算机。第三代计算机为集成电路计算机。集成电路的发明进一步提升了计算机的硬件性能。

1952年，英国雷达研究所提出了集成电路的设想；1956年，英国的福勒和赖斯发明了扩散工艺；1957年，英国普列斯公司与马尔维尔雷达研究所合作；1958年，美国得克萨斯州仪器公司研制出振荡器。在数字、模拟集成电路均已出现的背景下，1964年，美国国际商用机器公司——IBM公司，推出了IBM-360型计算机，这标志着计算机跨入了第三代。

这个时期的电子计算机以集成电路为主要元件，出现了大型主机的终端概念，计算机体型变得更小，消耗的能量比前两代计算机减少很多，速度已达到每秒亿次。软件方面出现了实时操作系统、分时操作系统以及文件系统。在运用上，已和通信网络相结合，构成联机系统，并已实现远距离通信，多用户可以使用一台计算机。

这一时期的计算机以中、小规模集成电路为电子器件，并且出现操作系统，使计算机的功能越来越强，应用范围越来越广，它们不仅用于科学计算，还用于文字处理、企业管理、自动控制等领域，出现了计算机技术与通信技术相结合的信息管理系统，可用于生产管理、交通管理、情报检索等领域。

（四）大规模集成电路计算机

出现集成电路后，唯一的发展方向是扩大规模。大规模集成电路（LSI）可以在一个芯片上容纳几百个元件。到了 80 年代，超大规模集成电路（VLSI）在芯片上容纳了几十万个元件，后来的 ULSI 将数字扩充到百万级。可以在硬币大小的芯片上容纳如此数量的元件使得计算机的体积和价格不断下降，而功能和可靠性不断增强。

1967 年，大规模集成电路问世。1970 年，美国英特尔（INTEL）公司实现了把逻辑电路集成在一块硅片上的设想，在 0.6 英寸 ×0.8 英寸（约 3.1 平方厘米）的面积上摆下了 2250 个晶体管，1971 年，又制成了单片式的中央处理器（CPU）。1971 年，英特尔公司首次推出了微处理机 MCS-4，这标志着第四代计算机的开始。1974 年 8 位微处理机问世，1981 年英特尔公司推出了 32 位机。此时，计算机的发展开始向巨型化和微型化两极发展。

这个时期的电子计算机不仅逻辑电路采用了大规模集成电路，内存也采用了集成电路。应用领域为飞机和航天器的设计、气象预报、核反应的安全分析、遗传工程、密码破译等，并开始走向家庭。随着集成度的不断加强，出现了微型机的概念，软件更加丰富，操作系统也得到了进一步强化和发展，出现了数据库系统。

（五）微型电子计算机

20 世纪 80 年代初，世界上开始谈论第五代计算机，这种机器以智能处理为特征。由于计算机辅助工程（CAE）技术与集成电路工艺的发展，使过去设计大规模集成电路的周期从以前的四年缩短到几周甚至几天。

近年来，科学家又在考虑新材料或非电子材料的计算机。现在，一台普通个人计算机的价格只有几千元，计算机真正走入了家庭，因而微型计算机以惊人的速度向前发展。1950 年，全世界仅有 25 台计算机，至 20 世纪末，已有上亿台。我国计算机发展也很快，特别是微型计算机，已有上百万台。

现代计算机的发展使计算机的应用步入了各个领域，计算机：可以控制机械制造零部件；可使卫星进入正确轨道；可以代替医生诊断疾病，自动开处方；可以替代交通警察管理城市交通；还可以编辑稿件、打字、排版，对语言进行处理，自动翻译；等等。

（六）智能电子计算机

电脑为人类的生活带来了便利，人们利用它进行工作、学习以及做其他事情。随着科技的不断发展，第六代电子计算机应运而生，它被称为智能电子计算机，是一种比第五代计算机更适合人们工作、生活和学习使用的新一代计算机。

二、国外计算机教学的发展历程

计算机技术在教育领域中的应用是20世纪后半期教育发展的重大成就之一，也是当今教育现代化的一个重要标志。国内外的经验已表明，将计算机引入教育领域对提高学生的科学文化素质，转变教育观念，促进教育内容和教育方法的改革，加深教学手段和管理水平的现代化，以及提高教学质量和效益都具有极其重要的意义。

（一）计算机与基础教育相结合

当今高技术的发展使学生和教师以不同方式相互影响，教师必须熟知与课程有关的各方面的高技术知识，以便辅助学生完成各项课题。当教师们逐渐明白今后教育发展的趋势并调整他们的教学方式以适应这一趋势的同时，他们将认识到，教师不再像从前一样代表无所不知，而应把自己视为学生的助手而非一位专家。教师与学生相互帮助一起解决各种问题，从而使学生充分掌握知识与技术。现代计算机系统使这种学习过程的协作进一步加强。教师和学生的教育工作都将变得更加简单、轻松。计算机与基础教育相结合已成为当今世界教育发展的一大趋势。

（二）计算机编程

在1981年召开的第三届世界计算机会议上，伊尔肖夫提出了“计算机程序设计是第二文化”的主张。应当承认，这种主张对我国计算机教育有着较大的影响。根据这种主张，我国开始开设BASIC语言和简单的程序设计作为主要的教学内容。

计算机学科的发展与计算技术的发展、信息社会的发展是同步的。由于科学技术发展的规模和速度惊人，加之社会变革和经济状况的不断变化，使教育和课程发生深刻的变化，教学内容不断更新。随着世界计算机教育的快速发展和研究工作的加强，人们对计算机教育的关注度逐渐提高，教学目标和任务也在逐步改变。

（三）计算机使用的变化

在信息时代，计算机已渗透到生产和生活各个领域之中，这要求人们只要会使用计算机就可以，不一定必须会编程序。对于编程而言，有其专门人员和机构承担开发软件的工作。这种观念促使许多教育家提出计算机文化应该从以程序设计语言为主转向把计算机作为一种工具。也就是对大多数人来说，计算机主要作为一种工具来掌握就够了，不需要太过深入的研究或学习。这种主张并不意味着把程序设计语言完全从计算机文化中排除，而是把程序设计列为计算机教育中更高层次的要求，这样就促使教授计算机的程序语言更加多样化。

在 1990 年召开的第五届世界计算机教育会议上，“信息学”这一观点横空出世，其包括信息与资源共享、传播、计算机联网通信、计算机远距离教学等。不少发达国家提出信息技术的教育。随着现代技术和教育科学的发展，一些专家指出，计算机是信息技术的一部分，应开展信息技术的基础教育。

计算机与基础教育的结合是一个循序渐进、逐步发展且深入完善的过程。这种结合究竟采取什么方式和步骤，会给基础教育带来什么样的影响，产生什么样的积极与消极作用，这些都要有一个探索的过程和积累经验的过程。

就世界范围而言，计算机引入高校教育的时间不长，因此不像现有的其他学科那样成熟。计算机教育的地位、作用、目的和要求，不同国家、不同时期，不同流派的看法也不尽一致。而开展计算机教育的投资很大，人力物力耗费很多，要尽可能避免盲目性、片面性，以免造成大的反复，造成人力物力的浪费。

三、国内计算机教学的发展历程

（一）应用需求催生

20 世纪 70 年代末，我国进行改革开放，先进的技术和方法不断涌入，学习和使用计算机成为各行各业的迫切需要。当时国外已在全社会普及计算机应用，而在中国，只有计算机专业学生在学习计算机课程，大部分大学毕业生仍然是计算机盲。在这样的形势下，部分高等院校率先开始对大学教师进行知识更新与业务培训（外语和计算机），其后许多理工类大学陆续开设了面向非计算机专业大学生的计算机课程，开始了计算机基础教育的起步阶段。伴随着

IBM 个人计算机以及与之配套的 DOS 操作系统、适合个人计算机的 BASIC 语言和 dBaSe 数据库等的出现，掀起了第一轮计算机基础的学习热潮。

早期的计算机基础教学主要介绍计算机的发展简史、硬件基础知识和算法语言（ALGOL、FORTRAN 和 BASIC）等，高等院校广大非计算机专业学生（特别是工科）、部分科技和管理人员以及部分大城市的中学生是主要的学习对象。可以看到，应用需求推动了计算机教育在全国的普及。

1978 年，电子计算机以选修课和课外小组活动的形式进入我国教育。由于当时国内能买起计算机的人还是少数的，而且由于语言的不通、习惯的不同，人们在使用计算机时会出现一些阻碍，因此要想使计算机知识得到普及，就需要尽快生产出适合中国家庭使用的计算机。在中央各有关部门、中国科协各级组织和一些高等院校的支持配合下，计算机教育工作者开展了大量的工作，付出了辛勤的劳动，取得了可喜的成绩。

20 世纪 80 年代初，随着计算机科技的不断发展，我国于 1982 年开始了计算机教育试验，又于 1983 年和 1984 年先后召开两次计算机教育工作会议，确定了开展计算机教育工作的方针，制定了计算机选修课的教学大纲。

1984 年，邓小平同志提出了“计算机的普及要从娃娃做起。”那一刻就预示着中国即将进入一场科技革命中，响起了进军计算机普及道路的号角。我国开展计算机教育的工作逐渐广泛起来，全国大中小学相继配备了计算机，开设了选修课，开展课外计算机小组活动和不同层次的程序设计竞赛。为了促进我国计算机教育工作的健康发展，我国积极开展国际学术交流，了解国际的信息和发展动态，学习借鉴国外的先进经验。

1985 年，研究会在全国首次提出了贯穿大学四年的“四个层次”教学体系，全面规划了高等院校计算机基础课程。这个教学体系成为当时大多数高等院校的计算机基础课程设置依据。

第四层次：结合各专业的计算机应用课程。

第三层次：软硬件知识进阶。

第二层次：高级语言程序设计。

第一层次：计算机基础知识和微机系统的操作使用。

1986 年 4 月，在北京香山成立了“高等院校非计算机专业计算课程教材评审组”，正式开始了高等院校计算机基础课程教材的编写和出版工作。

这一阶段是我国计算机普及意识的觉醒，处于探索阶段。社会各界的迫切需求和积极参与是计算机普及的不竭动力，各类计算机教育相关团体的涌现也为计算机教育发展走上正轨贡献了力量。

（二）进一步普及

在这一时期，计算机软硬件都有了重大突破，奔腾系列芯片的诞生，基于图形化的操作系统和应用软件的开发，以因特网为代表的网络技术的应用，使得计算机成为便于使用也更加实用的工具，全社会开始了新一轮的计算机普及与应用高潮。计算机基础教育渐渐由工科扩展到了理科，进而发展到了经济、农业和师范等各个专业，同时计算机也走出了高等院校和科研院所，走进了企业管理人员、公务员等群体。

国家开始重视计算机基础教育的发展，国家教育委员会（简称“国家教委”）在 1990 年年初，建议成立非计算机专业的计算机课程指导委员会，同年 12 月，成立了工科计算机基础课程教学指导委员会，1995 年成立了文科计算机教育指导小组。1992 年，研究会在国家教委的支持下正式注册为具有法人资格的全国性的一级学术团体。1993 年，国家教委考试中心开始组织《全国计算机等级考试大纲》的编写工作，同年 12 月考试大纲及题型示例通知基本定稿，次年 11 月全国计算机等级考试首次在全国 17 个城市进行笔试，宣告了我国首个面向全社会非计算机专业人士的计算机应用知识与技能水平考试体系建立。1996 年，为了科学系统地培养应用型信息技术人才，国家教委考试中心正式发布全国计算机应用技术证书考试及其教材。同期，研究会迅速发展壮大，机电专业、财经管理专业、医学专业等专业委员会陆续成立，全国各地的计算机基础教育研究会也顺势而起，为教师提供了交流切磋的平台，为高等院校计算机基础教育的发展做出了极大的贡献。

与上一阶段有所不同的是，这一阶段计算机基础教育有了两方面的进步：一方面，经过多年的实践探索，计算机基础教育的教学内容和教学体系逐渐成熟，从过去的四个层次到三个层次，并且课程按专业分类，更加具有针对性，由于普及对象的不断扩大，在教学内容上也更加贴近学习者的需求，在程序设计之外更为凸显计算机基本知识的重要性；另一方面，多媒体技术、计算机辅助教学（CAI）等教育技术走进千万课堂，冲击和改变着传统的教学模式，也深刻地影响着计算机基础教育的发展。

（三）社会应用普及

2000 年 9 月，我国承办了第十二届国际信息学奥林匹克竞赛，再次激起了全社会，特别是青少年学习现代科学技术的热情。这一阶段，全社会都强烈意识到信息技术改变了人类的生活和生产方式，计算机基础教育由此进入蓬勃发展阶段。

第三次计算机普及浪潮伴随着第二次计算机基础教育教学改革，以网络和信息技术为突破口，向一切有文化的人普及计算机的知识和应用。该阶段比上一阶段有所提高的方面主要体现在两点：一是由于社会迫切要求提高学生利用信息技术解决专业领域问题的能力，计算机基础教育逐渐同其他各个学科专业交叉与融合；二是计算机基础教育在高等院校的地位得到了巩固，许多院校纷纷成立了计算机基础教学部，改善了教学条件并稳定了师资队伍，提高了教学质量。

第二节　高校计算机教育的基本经验

一、高校计算机教育的基本规律

历经多年风雨洗礼的高校计算机教育，创新性地在我国高等教育中确立了高校计算机教育的教学地位，教学经验不断积累，逐步探索形成了“面向应用、需求导向、能力主导、分类指导”的高校计算机教育基本规律。高校计算机教育基本规律是面向未来不断改革创新的基础，以计算思维能力培养为切入点的，新一轮高校计算机课程教学改革也应以此为基础，在传承中创新。

（一）分类指导

1. 基础教育分类发展

在高等教育大众化发展的新形势下，高等教育对分类指导又提出了新要求，使分类指导具有新的内涵。我国高等教育逐步实施了人才培养分类、教育类型分类和高等院校分类。因此，必须考虑高等教育分类发展对大学计算机教育的要求。依据不同类型、不同院校培养目标的不同，对大学计算机教育课程和教学要求的不同，实施大学计算机教育的分类发展。这样将从学科专业分类指导的一维分类指导状态，发展为学科专业与教育性质的二维分类指导状态。

2. 学科专业分类指导

学科专业分类指导的内涵主要是对各学科专业的分类指导，对不同类别的学科专业，实施既有共性特征，也有差异特点的大学计算机教育。例如，教育部分别设立理工类、文科类的指导委员会；研究会按学科专业设有理工类、文科类、农林类、医学类、师范类等分类的专业委员会。

大学计算机教育的基本规律，也是基本经验，是分类指导。社会各级教学指导机构、研究会等有关指导部门，以及各高等院校计算机教育实施部门，都提出并对大学计算机教育的分类指导进行了实施。

（二）需求导向

1. 专业与职业需求

这里的计算机泛指专业与职业对计算机需求的全部内容，包括计算机科学、技术、技能、素养等诸多方面；专业指非计算机专业学生所修专业；职业指学生毕业后较长时间内可能从事或晋升的职业。但由于大学计算机教育是为专业服务的基础教育，受学时所限，必须在有限学时内完成教学任务，实质上必须进行课程与教学内容的优化。

2. 实际状态需求

实际状态需求是指大学新生已经学习和掌握计算机基本应用能力的实际状态需求。我国基础教育领域中，信息技术标准的制定和颁布，以及中小学信息技术教育的广泛开展，使大学新生已经学习和掌握的计算机能力有了很大提升。以往的大学计算机教育的很多内容已反映在中小学信息技术课程标准中，于是“大学计算机基础教育是否还有必要存在”的问题凸显出来。这需要客观估计大学新生已经学习和掌握计算机能力的实际状态，以确定大学计算机基础教育的起点需求。但重要的是这里讲的“实际状态”，是对全体大学新生而言，而非某一学校或专业的个案举例。由于高考没有对计算机操作掌握情况提出要求，如何摸清这一“实际状态”仍是一个难题。

需求导向是面向应用的必然结果。大学计算机教育的课程与教学内容是由需求决定的。在大数据时代，“需求导向”也要用数据说话，因此关于专业与职业对计算机的需求及大学新生已经学习和掌握计算机基本应用能力的实际状态调研和结果分析，将是大学计算机教育教学改革的基础。

（三）面向应用

1. 面向专业教学应用

大学计算机教育是服务于全体学生的教育，高等教育中所有专业的学生都必须学习和掌握计算机相关技术，其目的在于运用它们完成本专业的学习任务，服务于本专业的教学需要。这就要求大学计算机教育的教学内容要符合专业的需要。

2. 面向专业工作应用

我们已经步入信息社会，任何专业工作都离不开以计算机为基础的信息技术的支持，各行各业都需要应用计算机辅助完成其相应领域的工作，而且伴随信息技术的快速发展，对专业工作应用的影响越来越大，对从业人员计算机应用能力的要求会越来越高。

3. 面向个人发展应用

大学计算机教育还具有素质教育的性质，除满足学生就业工作以及相应职业需求外，还应面向学生个人生涯发展，使学生掌握生活中所需的计算机技术，提升他们的信息素养。

（四）能力主导

面向应用、需求导向的结果决定了大学计算机教育必然是以能力主导的教育，能力主导包括两方面的含义。

首先，以往的大学计算机基础教育，要求所有专业必修的大学计算机基础教育第一门课程是“大学计算机基础”或“大学计算机文化”。课程内容一般包括计算机基础知识、应用环境平台、操作系统、办公软件和网络应用等，主要是将计算机视为基本工具，培养学生计算机基本操作能力，即使用计算机、基本的网络应用、信息获取、文字处理、电子表格应用、演示文稿制作的能力。因此，以往认识上常将计算机基本操作能力视为大学计算机基础教育所包含的全部计算机应用能力，这实际是对能力概念的一个极大误解。能力是一个上位概念，对于计算机应用能力至少应包括计算机基本应用能力、计算机技术应用能力、计算机综合应用能力，以及计算机创新应用能力，这些能力及其之间的关系共同构成计算机应用的能力体系。

其次，知识是对能力的支持，而且具备的能力越复杂，需要的知识层次越高，大学计算机教育离不开计算机学科理论的支持，但知识必须内化为能力才有意义。

二、高校计算机教育存在的问题

（一）教学模式陈旧

传统的教学培养模式既要兼顾学生具有较完整的理论基础，又要强调培养学生较好的实践能力，一些理论深、难度大的课程在教学计划中仍占有较大的比重，而另一些应用性较强的课程难以全面进入教学计划，由此出现了顾此失彼实际效果差的局面。每年虽然都有大量的计算机专业毕业生涌向就业市场，但他们所掌握的技能往往都不能达到用人单位的要求，特别是在创造性地应用知识方面，缺乏一种创新及理论联系实际的意识，由此导致了社会对计算机人才的需求在不断增加，而大量的计算机专业毕业生无法找到工作的供需矛盾。

（二）教育脱离现实

计算机教学是实践性很强的课程，过多地注重课堂教学和为学计算机而学计算机，都会导致教学效果不佳，教育跟不上企业的实际需要，太多的理论教学掩盖了人才发展的空间。传统教学只注重抽象理论的分析、讲解，脱离学生经验和社会实际。很多实验都是在教师的示范下让学生进行模仿，而且缺少实践环节的考核。这样学生无法学以致用，不仅降低学生学习的积极性，而且会很快遗忘所学过的知识，同时也因为疏于学用结合的练习，导致思维惰性的增强。有些学生为了应付学校规定的学分和国家二级考试而学习，对于在实践中更好地应用计算机不以为然。企业在计算机人才的聘用上注重人才的动手实践和创新能力，而传统的过分强调理论学习的模式，却恰恰忽视了实践的教学模式的优点，大大地阻碍了人才的多元化发展。

（三）师资力量薄弱

由于信息技术领域在相当长的一段时间内都处于一个非稳定的状态，新的技术、新的应用系统、应用方式层出不穷。面对这种飞速的变化，任课教师普遍的感觉就是压力太大，需要学习的东西太多。可与此不协调的是，绝大多数的教师没有足够的机会参加继续教育，没有办法有更多的机会去接触新的知识和技术。这种局面造成的直接后果，就是教师在课堂上缩手缩脚，不敢有更多的即兴发挥，知识讲授的连贯性和相通性都非常薄弱，教师上课的压力大，于是很多教师选择继续深造，离开教学一线，或者离开现在任职的计算机教学，转投其他压力相对小、知识更新比较少的学科。

（四）课时分配不均

在传统的教学模式中，根据制定的培养目标，计算机专业的主干课程主要是立足于计算机科学与技术专业的理论体系设计的，内容多、难度大、理论性强、教学效果差。按照教学计划安排的课程多，一些应用实践型课程安排的课时不够，这就造成了在有限的课时里，学生没有充足的时间掌握该门课程的完整体系，没有将所学应用到实践当中。

对于大多数学生来说，所学的课程犹如蜻蜓点水，最终造成每门课都学，但是每门课都学不精的现象。通过调查分析，很多用人单位和毕业生都认为，现在的高校教学存在“闭门造车”之嫌，很多教师照本宣科，基本上是照着书本给学生授课，缺乏互动的交流，课堂气氛沉闷，学生容易分心，最终造成“教师上课辛苦，学生听课辛苦”的尴尬局面。

（五）教育起点较低

由于各学校开展的计算机课程时间的不同、课程安排的不同，最终导致学生的计算机水平参差不齐。有些学校则为了提高学生的文化课成绩而忽略了计算机的教育，在文化课考试之前对计算机课程进行“霸占”情况也不是少数现象，再加之计算机教育课程设置较为简单，这就直接导致了高校生计算机教育水平偏低。于是相关部门规定了全新计算机教育课程内容，这样高校的计算机教育对象将不再是“零起点”的学生，而是已经具备了基本操作能力的学生。因此，高校的计算机教育还停留在原有基础上，对学生已经学过的知识“回炉”，就显得起点太低了。

第三节　高校计算机教育教学的新一轮改革

一、高校计算机教育教学改革的背景

（一）学生基础提高

由于我国基础教育已推广并实施信息技术标准，中小学计算机教育广泛开展，使大学新生所掌握的计算机基础知识和基本操作能力有了大幅度提升。尤其是一些重点大学新生的计算机基本操作能力已经达到或超出了大学计算机基

础教育课程的目标要求，一些学校开始压缩大学计算机基础教育课程的学时，甚至逐步取消相关课程，大学计算机教育面临很大压力。

从总体来看，大学新生的计算机基本操作能力水平确有很大提高，但尚不能得出大学新生计算机基本操作能力水平已经达到大学计算机教育课程目标要求这一结论。总体上说，学生掌握计算机基本操作能力的实际状态可概括为“不均衡”。

（二）需求多样化

来自不同地区学生能力的“不均衡”，经济发达地区一般优于经济欠发达地区。另一方面，学生个体掌握计算机基本操作的实际状态“不规范、不系统”，表现为对计算机基本操作中各部分内容按兴趣高低决定所掌握的内容，整体呈现“不规范、不系统”的局面。大学新生群体所呈现出的计算机基本操作能力的“不均衡”和“不规范、不系统”状态，决定学生对统一规划的计算机教育课程的需求已不适应当前要求，学生对计算机教育课程的需求具有多样性。

事实上我国国民经济的迅速发展对高素质的技术技能型人才的需求量很大，在许多领域一直供不应求。目前，一方面有的人找不到工作，另一方面有的工作却找不到人。这暴露了教育与社会需求的严重脱节。事实上，我国社会各行各业需要的职业岗位中，90% 以上是第一线应用型人才，从事理论研究的人不足 10%。而教育模式的单一性，使学校片面强调理论教学，忽视对学生应用能力的培养，使学生难以适应实际工作的要求不可避免地造成就业的困难。

（三）教学内容更新

计算机课程是一项较为复杂的综合性的交叉性学科。计算机网络技术的含义很广泛，如数据交换技术、路由技术、网络互联技术，Web 技术、网络管理技术、综合布线工程技术等都可以视为计算机网络技术。网络的应用领域也在不断地拓宽。可以说人类发展至今，没有一项技术能像计算机网络技术那样快速地改变着社会政治、经济、文化、教育和社会生活等各个方面。

传统课程结构带有严重缺陷，既不能很好地贯彻我国的教育方针，适应复杂多样的社会要求，又使大多数学生学习负担过重，造成很多弊端。现行课堂教学，以学习基础知识、基本技能为主，统一目标，统一进度，因而对一些发展较快的学生，现行教学无论是深度还是广度都显得明显不足，不利于其个性发展。对于人才培养来说，是一个损失。

计算机网络内容更新速度快。网络技术的飞速发展，加大了网络课程内容的更新速度。从近些年来计算机网络教材的变化上，就可以感受到计算机网络的发展速度。一方面要抓住基本概念、基本原理不放，另一方面要不断地讲授新知识，扩充新内容，特别是要及时地把热门问题、流行问题进行讲解。

（四）计算机思维概念

计算机学科的发展以及计算思维概念的提出，为大学计算机教育增添了新内容。作为一种源自计算机学科的思维方式，如何将其演变和提升为能解决各专业以及社会生活领域的普适性思维方式，需要计算机专家和哲学家进一步深入研究，也需要在大学计算机教育教学改革的实践中，结合课程教学，探索计算思维能力的培养，这也成为大学计算机教育教学改革的重要任务。

当前对计算思维的认识尚处于发展阶段，很多问题还值得深入研究。例如：什么是计算思维的完整定义；如何通过大学计算机基础教育对各层次、各类型大学生培养计算思维能力；计算思维与信息社会发展产生的诸多新思维的关系，如计算思维与网络思维、互联网思维、移动互联思维、数据思维的关系等；计算思维如何在非计算机领域应用；等等。

二、高校计算机教育教学改革的目标

（一）个性化教学

中小学计算机教育提升了大学计算机基础教育的起点，也带来了大学新生掌握计算机知识和技能“不均衡”和“不规范、不系统”的问题。以往大学计算机基础教育实施的“一致的课程体系、统一的课程大纲”已不适应当今学生的特点，当前的改革必须改变这种课程及教学模式，基于学生对大学计算机课程的不同需求，设置基本标准与实施因材施教相结合，设计多样化“大学计算机”课程，运用现代教学技术，实施个性化教学，以利于对起点不同的学生，达到各按步伐、共同提高的目的。

（二）更新课程内容

为适应计算机技术发展的新趋势，要从适应计算机技术发展的背景下重新审视、设计大学计算机教育课程的内容，对大学计算机教育课程体系必须重新研究，突破以往的“1+N”课程体系模式，实现课程体系创新。

（三）培养计算思维

计算思维是计算机学科发展提升到思维科学层面的新概念，是新的科学思维形式，作为大学计算机教育，理应以计算思维能力培养为己任，更加重视计算思维能力培养，尽早将计算思维能力培养纳入计算机教育课程教学，实现以计算思维能力培养为切入点，推动新一轮大学计算机教育教学改革。

（四）提升解决问题的能力

以往的大学计算机教育教学目的在于学习计算机理论知识，掌握计算机技术，学会计算机操作，以支持和帮助专业学习和工作。伴随我国经济转型和提升人才能力结构，大学计算机教育的教学目标要向培养运用计算机解决问题的能力方向发展，在解决问题的过程中，体验、培养科学思维和科学能力，计算思维能力培养也要以具体问题为载体。

（五）推进教育信息化

2012 年以来，国际高等教育出现的 MOOC 热潮是信息技术带给教育领域的一次革命性的挑战。数字化课程平台、微课程、翻转课堂，以及 MOOC 课程等新的课程和教学形式，调动了学生的学习积极性，促进了个性化学习，对高等教育产生着巨大的冲击。新一轮大学计算机教育尤其必须与教育信息化相结合，在实现自身改革的同时，推进和引领教育信息化发展。

三、高校计算机教育教学改革的内容

（一）创新教学模式

改进教学方法，创建“主导—主体”的教学模式。传统的课堂教学，以教师为中心，以教材讲授为主，学生被动接受知识，抹杀了学生学习的自主性和创造性。基于对杜威“做中学”教育思想的理解，传统的教学方法必须改变，师生关系必须重构建。

在“做中学”教育思想指导下的 CDIO 模式，强调的是教学应该从学生的现有生活经验出发，从自身活动中进行学习，教学过程应该就是“做”的过程。教育的一切措施要从学生的实际出发，做到因材施教，以调动学生学习的积极性和主动性，即“以学生为中心”。

以学生为中心的“做中学”，是学生天然欲望的表现和真正兴趣所在，符合个体认知发展的规律，有利于构建和谐民主的师生关系，更能促进学习的发生。如何把这种教育理念转换为教育实践，关键是对两个问题的理解，一是如何诠释“以学生为中心”，二是何谓“教学民主”。

传统的课堂上，教师不仅是教学过程的控制者、教学活动的组织者、教学内容的制订者和学生学习成绩的评判者，而且是绝对的权威，这种师生关系形成不了教学民主的气氛。因此，教师要转变角色，从课堂的传授者转变为学习促进者，由课堂的管理者转变为学习的引导者，由居高临下的权威转向“平等中的首席”专家。这样一种教学民主氛围，有利于发挥教师的指导作用，又能充分发挥学生的主体作用。这就是“主导—主体”的教学模式。

由于参加计算机课程的学生水平是不一致的，能力也不一样，教师应针对不同的学生，通过开展多层次的教学活动，让参加课程的学生能学有所用，学有所长。

教学方式一：普及型的程序设计教学。这一方式主要是激发学生的求知欲望和学习兴趣，培养学生分析问题、利用计算机解决问题的能力，应当尽可能地使学生的知识面拉宽，而不抽象，让学生都能接受，以增强学习的兴趣与信心，从而挖掘出他们的潜力。比如，引导学生用计算机去解决各科的实际问题，这样不仅能复习和巩固其他学科知识，使之与计算机学科的知识联系更紧密，而且可引发他们去钻研更多的数、理、化等学科问题，以满足让计算机为之服务并解决更多难题的愿望，加强各学科间的横向联系，促进知识深化。

教学方式二：深入的程序设计教学。这一方式的教学，重点放在尖子学生的能力培养上，让他们在竞赛中出成果、出人才。第一，要培养学生坚忍不拔的学习毅力，刻苦钻研的学习精神，只有做到这两点，才有可能进行深入的程序设计学习。第二，重视智力因素，学习难度较高的程序设计，开发学生的智力，提高学生的能力。

教学方式三：微机技术的操作实践。学生利用所学的文字处理软件和绘图工具等，为班级、团队设计报头、图表、贺卡或打印有关文稿。

教学方式四：实用软件设计实践。一些动手能力强、精力旺盛的学生，并不满足就题解题的程序设计，而希望设计一些有实用价值又有一定难度的软件，应当启发他们选题、设计软件，通过软件的设计，不但消化了基础知识，还锻炼了能力。软件设计活动比较实际地促进了教学辅助软件和教学管理软件的初期开发，有些学生不但在应用软件的开发上有优秀的作品，所设计的软件在教学与管理中确实发挥了作用，而且在工具软件的制作上也做出了成绩，成为教育软件开发中的一支生力军。

（二）优化课程体系

计算机人才如果只注重理论知识是毫无意义的。只有将理论知识与具体实践相结合，才能保证在就业工作期间不会出现无从下手的情况。当然，这也是用人单位和毕业生建立相互合作的一座坚实桥梁。

目前大部分社会就业部门都是需要懂得更深奥的计算机基本理论知识与实践经验的，简单的计算机操作已经不能满足现在就业的需求。遗憾的是，这些只有在工作后才逐渐体会到。加强基础课程的教学力度，加强数学建模学科的设置，对于培养学生抽象思维和逻辑分析问题的能力至关重要。除了理论课程之外，根据社会对计算机人才的需求，针对计算机科学与技术专业的特点，还应选择能反映学科特色的课程，增加应用型课程的比例，针对应用型比较强的课程，应安排足够的课时让学生在掌握基本理论的同时有机会参与项目的实践。

近年来，软件工程的飞速发展，使软件工程理论和技术不断地更新，高校培养计划和课程体系不能适应这种变化的矛盾日益突出。因而高校人才培养方案的制订和调整必须把业界对人才培养的需求作为重要的依据，分析研究市场对软件人才的层次结构、就业去向、能力与素质等方面的具体要求，以及全球化和市场化所导致的人才需求走向等，以能力要求为出发点，以“必须、够用为度”，并兼顾一定的发展潜能，合理确定知识结构，面向学科发展，面向市场需求、面向社会实践，修订专业培养计划。

课程设置必须跟上时代步伐，教学内容要能反映出软件开发技术的现状和未来发展的方向。计算机专业的课程设置，大多脱胎于传统的计算机科学与技术专业，重基础和理论，学科知识面面俱到，不能体现出应用型人才培养的特点。因此，作为相关的专业教师，必须及时了解最新的技术发展动态，把握企业的实际需求，汲取新的知识，做到该开设什么课程、不应开设什么课程心中有数，对教材的选用应以学用结合为着眼点，根据实际需要选择。对于原培养计划中不再适应业界发展要求的课程要坚决排除，对于一些新思维、新技术、新运用的内容，要联合业界，加大课程开发，不断地更新完善课程体系。

（三）开发教学软件

纵观我国目前的教育软件，虽不乏一些好的软件，但问题很多，其中最主要的两个问题是软件的质量和软件的版权。这两个方面必须引起足够的重视，才能促进教育软件的发展。

教育软件的优劣不仅影响计算机教育的质量，更重要的是直接影响人才培养。应当说教育软件是整个教学系统的一部分，它就是教材和辅助教材，对其要求一定要和教材一样，既要内容正确又要有完美的艺术形象，最主要的是内容正确的教育方法的完善。如果忽视这一点，即使软件用户界面再好，动画、声音再吸引人也不行。内容有错的软件使青少年受到潜移默化的毒害而被引入歧途，影响其身心健康。

（四）完善教学评价

计算机教育教学改革的宗旨是培养综合素质高、适应能力强的业界需求人才。CDIO 对能力结构的 4 个层次进行了细致的划分，涵盖了现代工程师应具有的科学和技术知识、能力和素质，所以主张不同的能力用不同的方式进行考核。针对不同类别的课程，设计考核与评价模型，建立多样化的考核方式，来实现对学生的自学能力、交流与沟通能力、解决问题能力、团队合作能力和创新能力等进行考核与评价。这些考核方式和评价模型的科学性、合理性是教育教学改革需要深入研究的一个方向。

传统的考试模式是比较单一的，注重教师课堂讲授的知识，这些知识往往是需要记忆性的东西，没有真正意义上的实用价值，为此，学校应改变这种内容单一的考试成绩，要考虑采用能促进学生个性发展的、具有创新意义的、全方位的教育教学制度。通过学分制的方式，以允许参加全国性竞赛获奖的学生增加学分的激励方式鼓励学生创新。一些比较注重理论的课程，如“计算机基础”可以通过让学生自己出题的方式来考核。通过出题这种手段，学生可以在出题的过程中增进对书本知识的了解，互相交流题目的难易，不仅加强了理论的学习还增进了同学、师生之间相互沟通交流的能力。

考试内容是学生学习的导向，不能让学生出现重理论、轻实践或重实践、轻理论的两极倾向。因此，在考试内容上，不仅要求考核课程的基本理论、基本知识、基本技能的掌握情况，还要考核学生发现问题、分析问题、解决问题的综合能力和综合素质；在考试形式上，可以采取多种多样的方式进行，一切以能全面衡量学生知识掌握和能力水平为基准，使学生个性特长和潜能有更大的发挥余地。例如，采取作业综合评定、闭卷等多种方式，除了有理论考试也要有实践型的机试，还可以以学生提交的作品为考核依据，建立以创造性能力考核为主的测试和实际应用能力与专业技术测试相结合的评价体系，促进学生创新能力的发展。

作为学生专业学习的终端检测，从某种意义上讲比教什么内容更为重要，因此一定要把好考核质量关，不能让一些考核方式流于形式，影响学风建设。多年来，计算机教学大多数是由任课教师自己出题自己考核，内容和方式有比较大的随意性，教学效果的好坏自己评说，因而教学质量的高低很大程度上取决于教师的责任心。如何建立一套课程考核与评价的监督机制又是一个值得深入思考的问题。

第四节　计算机教学中应该注意的问题

一、应该注意的教学问题

在以往的教学模式中，教师以书本、粉笔和黑板为手段，以讲授和课堂灌输为基础，在这样的传统模式下，学生处于被动接受知识的地位。缺乏主动的思考、探索能力，缺乏自主性和积极性。计算机教学是一门技能性极强的课程，主要注重实际操作，它的理论性弱，而且计算机知识有些比较抽象，在教学过程中应充分利用计算机网络技术和多媒体技术，将各种信息，包括文字、图形、图像、动画、声音等，引入计算机基础教学中，彻底改变传统的“粉笔—黑板”的落后教学手段，提供一个全新的生动形象、图文并茂的教学环境。

首先，在教学过程中，充分利用网络多媒体的教学环境。教师可以生动形象地向学生传播教学信息，激发学生的学习兴趣，增大课堂信息量。对于计算机这门实践性极强的课程，利用网络多媒体的教学手段是十分恰当和必要的。例如，借助于有关多媒体教学软件，给同学们介绍一些计算机的基本知识，这些教学软件通过图形、声效，进行直观、形象的教学，加之优美动听的音响效果，有较强的趣味性。

其次，计算机教学更应注重实践，这样对于计算机教学的普及教育和提高学生的学习兴趣是很有效的。计算机教学它有不同于其他学科的特点，是一门实践性极强的学科，它比任何一门学科的知识都要更新得快。计算机教学的侧重面应主要在于使用，让学生掌握一些计算机操作的实际技能，这既符合该学科的特点，又适应学生的学习心理要求，从而能得到良好的学习效果。

再次，由于计算机知识更新速度加快，学生要学的东西越来越多，面对有限的学时，教师一定要将本课程中的精髓和要点提取出来，制作成多媒体课件传授给学生，并在此基础上，引导学生自学其他的相关内容。此外，为了使计算机基础教育跟上计算机技术的发展步伐，教师还必须对原有知识结构和能力结构加以调整和提高，在广度优先的基础上加大知识的深度。

最后，时代的发展正在促使教育改革从传统的以教师传授为中心转向以学生为主体。以学生为主体的教学模式，强调“学”重于“教”，目的在于体现“教育应满足社会发展与人的发展之需求”，体现“顺应市场、服务社会、服务学生”的价值取向。因此，在这种教学模式下，教师在教学中应起组织、引导和答疑的作用，从知识的传授者、教学的组织领导者转变成为学习过程中的咨询者、指导者，充分调动学生学习的能动性，使学生变被动学习为主动学习。

二、应该注意的心理问题

作为一门培养大学生动手能力和信息素养的计算机课程，是否有必要在教学中渗透心理健康教育，怎样渗透心理健康教育，这是高校计算机教学中又一新的课题。研究和调查表明，在学习计算机过程中，学生表现出的心理健康问题日趋严峻。其中以人际关系敏感，行为异常，心理承受障碍、自卑，不能正确接受自我等问题为最突出，有的学生还表现出抑郁、焦虑、厌学等现象。学校的计算机教学，应树立“与心理健康教育并行”的指导思想，重视在课堂中对学生的心理健康教育的渗透。

在高校计算机教学中，要大胆开放计算机教学内容，选择适合大学生身心特点和学习兴趣，能满足他们的现实需要，有广泛的使用价值的教学内容。要尽可能扩大选择范围，适当增加一些选修内容，将计算机知识更多地与学生生活实际联系，拓宽学生的知识面，更好地培养他们的信息素养。例如，在教学电子邮件的知识时，可以涉及登录论坛、使用搜索引擎等内容，鼓励学生进行信息交流，从而促进学生正常的感情交流，培养沟通、交往能力，形成和谐的人际关系。

对学生进行评价和反馈，可以使学生不断进取、不断完善，可以帮助学生认识自我，树立学习计算机的自信心。一部分学生，因为经受过挫败，自暴自弃、怨天尤人，看不到自己的优点、进步和潜力，常常表现为缺乏自信心。对学习困难的学生要积极地进行纵向评价，将学生的今天与昨天比，以比出进步，将学生的今天与明天比，以比出继续进步的动力。在评价过程中，教师应把学生的进步和需要，继续努力的要求及时反馈给学生，使学生认识到自己的优点与希望，始终处于有方向、有动力的心理环境中，进而产生学习好计算机的自信心。

将心理健康教育与课堂教学进行有效整合，绝非一日之功，要游刃有余地两者兼顾，亦非易事。这需要教师把握计算机教学与大学生心理健康教育的相互关系，创造良好的教学环境，积极渗透心理健康内容，从而让学生不仅学好计算机知识，还能在学习中培养健康的情操、高尚的人格以及良好的社会适应能力。

第二章　新时期计算机教学设计改革

随着社会信息化的加速和计算机教育的蓬勃发展，计算机应用已经渗透到学校和家庭等各个领域。高校计算机教育事业面临新的发展机遇，能否熟练使用计算机完成办公室无纸办公、数据处理、多媒体技术运用等已经成为当今社会衡量大学生综合素质的一项重要内容，在培养人才的高等院校中，计算机课程教学是高等院校教育教学中的重要组成部分。为了适应社会发展和满足需求，有必要对高校计算机教学设计进行改革。本章分为教材设计改革、任务设计改革、流程设计改革、教法设计改革、手段设计改革、环境设计改革六个部分，主要包括教材设置改进、精品课程引进、课程体系改革、教学模式改革等内容。

第一节　教材设计改革

一、教材设置改进

教材设置的原则就是“先进、有用、有效”的原则进行教材建设，采用立体化教材体系主要包括主教材、实验指导书、习题与解答、电子教案、试题库、多媒体课件、算法实验演示系统等。采取教材选用和自主编写相结合的方式，保证高质量教材进入课堂。按照模块化教学改革要求，以计算机专业应用型人才培养为出发点，组织本系教师并引入企业高端技术人才共同编写适应本专业人才培养的专业课程教材；同时对省部级以上优秀教材与重点教材优先选用，提高优质教材的使用效益。

（一）根据教学难度恰当整合教材

构成计算机软件的程序是由一条一条的机器指令组成的，指令又是由微指令组成的。机器语言程序设计是计算机专业不可缺少的基础课程，但微指令与用户的距离很远，是否要写入教材呢？在回答这个问题之前，让我们先来认识一下微指令。微指令归属于计算机的硬件范畴，微指令是不能再被分解的硬件动作，再现了科学家融入计算机结构设计中的科学思想和先进文化。在计算机运行的前前后后、分分秒秒中，软件承载着人类的智慧、文化和思想在有序运行。逻辑推理是计算机的天性，计算机的深刻哲理都来源于逻辑推理。计算机的软件能够模拟人类思维的模式来运行，计算机的硬件结构也必须能够适应这种思维流动。可见，微指令就是靠硬件支撑的最小软件元素，了解微指令不但不会增加学习的难度，反而能够使学习与思维联系、电脑与人脑结合、硬件与软件和谐，能够深入浅出地认识计算机的工作原理。

（二）挖掘文化内涵，充实教材内容

计算机中蕴藏着丰富的文化内涵，无论教材有多厚都无法包含如此丰富的知识。唯独教学设计为我们提供了将文化融入课堂的良好机会，关键的问题是要弄清什么是计算机文化，从哪里搞到计算机文化。接下来才是我们要说的主题内容，那就是怎样将计算机文化融入计算机课堂教学之中。

（三）挖掘素质教育方面的素材

素质的概念涵盖较广，这里仅就主体能力和智力的提高来说明如何组织教材。作为非新毕业的教师来讲，面对一个新的软件，一般都能制定出包括知识和技能方面的教学目标，并撰写出比较规范的教学大纲，完成每节课的教学方案设计。但如果要求教师在教学中必须包含一定比例的能力培养和智力开发方面的教学内容，可能就不那么容易了。这里的能力不是指“打字快速”“排版漂亮”或“绘画生动”，而是指诸如逻辑思维能力、归纳能力、描述能力、与人合作能力等主体性能力，是与人的思想、动机、动作、反映、神态、举止等主体要素融为一体的东西，是生命力强、生命周期长的东西。换句话说，这些外来的能力变成了人的内部素质。智力因素有先天的成分，但后天教育改变智力状态的例子屡见不鲜，计算机因为具有广泛的、深刻的、精致的以及人性化的智力因素，对于提高学生的注意力、观察力、想象力、记忆力等都存在着很深的潜力。可见，计算机必将成为开发人们智力，使人类更聪慧的天然平台。

二、精品课程引进

计算机专业精品课程的引进，对于计算机专业的课程改革有很好的带头作用。不同等级精品课程对于提升学生的专业素质水平也是帮助的。例如，高级精品课程有“数据库原理及应用”“VB 程序设计”“数字化教学设计与操作”，校级精品课程有“CAI 课件设计与制作”等。对以上课程以及所有核心课程，按精品课程建设的要求，结合精品课程建设项目和教学实践，建成了课程网络教学平台，实现了课堂理论教学、课内上机实验、课程设计大作业、课外创新项目等相结合的立体化教学，切实改善了教学内容、教学方法与手段和教学效果等，产生了一些特色鲜明、内容翔实的教学成果，带动了专业整体课程教学改革和水平的提高，有效地提升了专业教学的质量。

第二节　任务设计改革

一、计算机任务设计改革的基础与原理

在新时期的计算机教学中，通过分析任务方向、创设情景以及完成任务、总结评估的教学过程，即为计算机任务教学，其以建构学习理论和以人为本为基础，重在强调设置的意义和互动性在于发挥和培养学生的自主探索能力。教师在整个学习过程中起引导作用，使得学生在其引导下进行探索和启发学习，挖掘学生潜力，促进学生全面发展。计算机任务教学中，教学原则的遵循对整个教学过程及结果有着重要的意义。首先，在任务教学中，计算机教师建构的情景要与真实相符，也只有这样才可以让学生信服，继而在后续的学习中，让学生们获得解决问题的真实体验，积累知识，提升信心。其次，任务的设计要尽量生动有趣，计算机教师可通过将图像、文字以及视频进行整合，然后加入任务设计中，让学生在学习中得到美的体验，还要考虑到不同层面学生的需求及学习、接受能力等，结合学生的实际情况开展分层教学，实现计算机任务教学的任务模块化和任务个别化。最后，任务设计一定要具可操作性，通过教师的讲解示范，学生可进行模仿等实践，实现自主操作，学到相应的计算机知识。

二、计算机任务设计的原则

（一）充分利用多媒体信息技术

为了给学生创设良好的课堂情境，教师可以用图像、文字、声音等多媒体技术进行任务的展示，积极利用“情景教学”来完善任务教学中任务的设计。如在学习“word 表格计算”一课时，教师先制作好上课时用的 PPT，在开始上课时，计算机教师可以先播放著名奥运歌曲《手拉手》（*Handin Hand*），用优美的旋律吸引学生的注意，紧接着展示令人振奋的奥运冠军夺金照片，展示完毕后，用简洁的语言导入“体会奥运热情、准备处理数据”的学习任务中，这样用多媒体渲染任务，给学生一种视觉和听觉的震撼，营造了课堂情境，也激发了学生学习的热情，后续的百分比计算及 Average 函数和除法计算的学习就一蹴而就了。

（二）关注学生的特殊学情的任务设计

计算机任务教学中，参与的主体是学生，每个学生在成长环境、生活经验以及知识基础等方面都存在差别，这也会使得其行为习惯、性格特征各有不同。基于此，进行任务设计时应当关注多数学生的共性，并结合学生的学习基础、职业期许、渴望等，设计出可以激发他们潜在“动力”的学习任务。在具体的实施过程中，针对学生存在的挫败感，设计任务时应贴近他们的兴趣点，通过巧妙的任务化解他们面对困难就浅尝辄止的不自信。另外，针对学生有较明确的就业方向和朦胧的从业意识等现状，应在任务的设计中对其憧憬的“工作任务”进行模拟演练，通过针对性的课件设计，使其得到就业技能方面的操作与演练，这必然激发起学生的学习兴趣与热情。在具体的任务设计中，可进行困难任务的层次化设计，如有一节课的内容是理解并会应用各类汇总进行数据统计和掌握各种排序操作，教学时，要明确排序是分类汇总的一个步骤。所以，依据学生的操作基础，教师给出条件复杂的排序，引导学生提升和巩固操作，然后再引进分类汇总，让学生尝试着去进行数据分析，这样层层递进，完成各种任务，学生也会在不断的学习中增强信心，更好应对后续的计算机学习。

（三）尊重学生个体差异的任务设计

在高职高专院校学生学习计算机技术的过程中，教师应当在共性中寻找“动力性任务”的动力来源，发挥其重要作用，要讲求共性，但是学生的基础水平等都不是相同的，不能一概而论，针对此，也要尊重学生的个体差异。在具体的计算机任务教学的任务设计中，应注重施教及评价要因人而异，如使用PowerPoint软件进行教学时，在引导学生学习完章节知识点的基础上，多数计算机教师会布置如使用PPT软件制作电子贺卡等作业或练习任务，这种形势下，就会因任务的朦胧性而导致学生无从下手，以至于后来大多数学生都是为应付教师检查而随意地做PPT，不仅演示文稿的页数少，内容方面也大多为复制粘贴网络资源，内容空洞，毫无创新，根本无法达到对PowerPoint软件使用进行有效练习的目标，教师应当表扬其图像处理水平高等等。作为教师，不能一味地追求PPT数量或质量等某一个方面，而是要根据学生的情况，进行有针对性的差异评价，并及时针对学生调整任务要求，帮助其完善计算机学习任务，促使其产生继续学习计算机技术的新“动力”。

第三节　流程设计改革

一、制定符合社会需求的培养目标

人才培养应主动适应社会发展和科技进步，满足地方经济建设的需要，并以此为导向确定专业人才培养的目标和要求，明确所培养的人才应掌握的核心知识、应具备的核心能力和应具有的综合素质。

二、制定符合人才培养要求的培养模式

应用型人才既不是纯粹的研究型人才，但是也不完全等同于技能型人才，因此，我们在应用型人才培养的过程中，不能简单地应用我们传统的培养模式对技能型或者研究型人才进行培养，而应有自己特有的模式。在培养过程中，应强调实践能力的培养，并以此为主线贯穿人才培养的不同阶段，做到4年不断线。

三、制定面向需求的应用型人才培养方案

计算机课程的特点是实践性强，学科发展迅猛，新知识层出不穷，强调实际动手能力。这就要求专业教育既要加强基础，培养学生知识获取的自主能力，

又要对培养实践应用能力予以重视。从差异化就业市场人才的角度出发，设计“核心+方向”培训项目，构建基于计算机基础知识理论体系的专业核心课程，打下坚实的基础，还要对学生未来的发展空间进行考虑。根据就业的方向随时对专业方向进行调整，从而提高学生适应能力、实践能力和实际应用能力。根据市场需求设置专业方向，突破了按学科设置专业方向的局限，体现了应用型人才培养与区域经济发展相结合的特点，为学生提供了多样化的选择。

（一）培养方案要统筹规范

统筹规范要以国内外同类专业设置标准或规范为依据，统一课程设置结构。课程按三层体系搭建：学科性理论课程、训练性实践课程和理论—实践一体化课程。灵活是指根据生源情况和对人才市场的调研与分析，采用分层教学、分类指导的方式，保证能对不同层（级）的学生进行教学和管理。根据职业需求和技术发展灵活设置专业方向和选修课程，在教师的指导下，学生应能在公共选修、自主教育、专业特色模块等课程中选修，包括跨专业选修和辅修，但改选专业需按学校有关规定和比例执行。

（二）设立长周期的综合训练课程

通过人才培养方案的构建，在基于长周期的软件开发综合训练中，将企业直接引进学校的教学过程中来，使学生在大学学习阶段就可以接触到实际的工作环境和氛围，并直接进入实际的项目开发当中去。通过工程项目的培训，不仅可以使学生的专业能力和专业素质有所提高，而且也使得学生的学习兴趣大大提高，缩短了学习与实践的差距，从而创造出一个应用型人才培养的新模式。

（三）体现“宽基础、精专业”的指导思想

“宽”是指能覆盖综合素养所要求的通识性知识和学科专业基础，具有能适应社会和职业需要的多方面的能力；而其“厚”度要适度，根据教学对象的情况因材施教，学以致用；“精”是指对所选择的专业要根据就业需要适当缩窄口径，使专业知识学习能精细精通；专业技能要“长”，专业课程设置特色鲜明，有利于培养一专多能的应用型、复合型人才，符合信息技术发展需要和职业需求。

四、制定“核心稳定、方向灵活”的课程体系

随着计算机学科不断发展，对社会来说，也对计算机人才提出了越来越高的要求，因此，课程体系面临不断的更新与完善，既要适应市场需求的变化，还应跟踪新技术的发展。遵循“基本核心稳定，灵活专业方向”的理念，注重更新和补充学科内容，改革教学方法、教学手段和评价方法，灵活设置课程专业化的方向，核心课程应该相对稳定。我们需要灵活应对市场变化，及时介绍专业技术的最新趋势，坚持“面向社会，与IT行业发展接轨”的原则，在建立良好基础的前提下，通过理论与实践相结合，培养解决实际问题的能力，培养学生必要的理论水平和解决实际问题的实践能力。

第四节　教法设计改革

一、加强教学过程的质量控制

课程采用综合评估方式考核，以综合实践项目为例，其考核由平时考勤与表现、设计文档评价、设计成果评价、成果展示和组员组长互评等构成。建立一个基于课程设计和综合实践项目的网络管理平台，利用工程项目质量过程控制和质量管理方法，不断加强对综合性、设计性和创新性实践项目的质量控制。实践项目的执行力度以往受到高校过于松散的教学组织形式的影响，只有通过有效的实践教学管理才能对惰性学生无法实现预定目标这一现象进行解决，才能确保培养方案的实施，完成学生能力培养的目标。

二、更新教育理念

在教学设计和实施中考虑多样性与灵活性，为学生提供选择的余地，使学生可以根据自己的兴趣和水平，选择某个专业方向作为发展方向，并能自主设计学习进程。在教学过程中应强调以学生为主体，因材施教，充分发挥学生特长，教师应从学生的角度体会“学”之困惑，反思“教”之缺陷，因学思教，由教助学，通过“教”帮助学生学习，体现现代教育以人为本的思想，并由此推动教学方法和手段的改革。杜威的“做中学”教育思想，为工程教育改革解决了一个方法论的问题，在这个方法论基础上的CDIO工程教育理念，为工程

教育改革的目标、内容以及操作程序提供了切实可行的指导意见。在推进专业的教育教学改革研究过程中，我们解放思想，放下包袱，根据实际情况，制订和落实各项政策和措施，为专业教学取得改革成效提供了一个根本保障。基于CDIO模式的应用型计算机专业的教育教学改革研究，是我们对各项教学工作进行梳理、反思和改进的一个过程。

任何改革的成功都是从理念革新开始的，人才培养模式的改革和实践是教育思想和教育观念深刻变革的结果。经过组织学习，要求每一个参与者都要准确把握教学改革所依据的教育思想和理念，明确改革的目的和方向，坚定信念，这样才能保证改革持续深入地开展下去。

CDIO模式的大工程理念，强调密切联系产业，培养学生的综合能力，要达到培养目标最有效的途径就是“做中学”，即基于项目的学习。在这种学习方式中，学生是学习的主体，教师是学习情境的构造者，是学习的组织者、促进者，并作为学习伙伴中的首席，随时提供给学生学习帮助。教学组织和策略都发生了很大的变化，要求教师要有更高的专业知识和丰富的工程背景经验。CDIO不仅仅强调工程能力的培养，通识教育也同等重要，“做中学”的“做”，并非放任自流，而是需要更有效的设计与指导，强调“做中学”，并不忽视“经验”的学习，也就是要处理好专业与基础、理论与实践的关系。只有清楚地认识到这些，教学改革才不会偏离既定的轨道。

随着我国高校教育的发展，各类高校教育机构要形成明确合理的功能层次分工。高校院校一定要摆脱传统精英办学理念的影响，回归工程教育，坚持为地方经济服务，培养高级应用技术人才，在“培养什么样的人”和“怎样培养人”的问题上做出文章，办出特色。

三、改革学习效果评价方式

在实际的教学过程中，学习效果评价主体的多样化逐渐成了现实；所有学生都要积极参与教学评价，对自己的学习过程和学习结果进行反思，还要积极提出自己关于教师教学的看法；学校领导、主管部门也要积极参与教学评价；还要对教师评价的角色加以转变，使得教师能够成为激励学生进行学习的人，并且也提高了自身的专业发展。评价方式改革的主要内容如下。

（一）持续评估学习效果

要对时机评价的整个过程予以充分关注，对教学活动的整个过程来说，都要积极进行评价，必要时还要给予学生相应的鼓励性与指导性评价。对学习效果进行持续评估，更加客观地反映教学过程的“教”与“学”的效果，是“教”与“学”互动的基础。该方法有效地避免了学生将主要精力用在最后的复习阶段，而忽略学习过程的学习方法，有利于学生明确学习目标。同时该方法也纠正了评估是教学过程的最后一个阶段的错误观点，有利于教师提高教学质量。

（二）采取以学习为中心的评估

鼓励教师在课程建设工作中，将原有的以教为中心的方式改变成以学为中心的方式，教学和评估相互结合，在学生和教师共同学习的氛围中促进教学。这些改革要求教师转变观念，从课程教学的设计入手，采用以学生为中心的多元化评价要素。

（三）学习效果与评估方法相一致

以能力培养为本位，强化工程实践与创新能力、创业与社会适应能力培养，评估方法与学习效果相一致，避免出现以往将学习效果与评估方法割裂开来、为了得到评估结果而评估、教师通过一张卷子得到评估结果、学生为了得到分数而学习的情况。积极推进评价内容的全面化，既要考查学生对专业基础知识的掌握，更要评价学生在实践能力等方面的进步，同时，充分采用书面测试与考试以外如上机操作测试等多样化的评价方法。

四、强化实践教学环节

教学实践环境包括实验室和校内外实习基地。教学实践环境的建设既要符合专业基础实践的需要，又要考虑专业技术发展趋势的需要。计算机专业要有设备先进的实验室，如软件开发工程实训室、微机原理与接口技术实验室、计算机网络系统集成实训室、通信网络技术实验室、数字化创新技术实验室和院企合作软件开发实践基地等。这些实验室和实践基地人才培养方案的实施提供了良好的教学实践环境。新的计算机人才培养方案应该从真实的企业环境中设计出一个全面的、创新的实践项目。这主要是为了通过校企合作平台不断使实践教学质量有所提升，从而能够进一步培养学生的应用能力。这样的实践项目对师资要求很高：一方面，聘任行业内精通生产操作技术，同时掌握岗位核心能力的专业技术人才参与教学，为学生带来专业前沿发展动态，树立工程师榜样；另一方面，将学生直接送到校外实习基地“身临其境”地实践，使学生能及时、全面地了解最新发展状况，在企业先进而真实的实践环境中得到锻炼，适应企业和社会环境，非常有利于培养学生学以致用的能力和创新思维。

五、加强教学研讨和教学管理

教育教学改革各项政策与措施最终的落脚点在常规的课堂教学上，因此，加强教学研讨和教学管理，是解决教学问题、保证教学质量的根本途径。

定期召开教学研讨会，组织全体教师讨论制订课程教学要点，研究教学方法，针对教学中存在的突出问题，集思广益，解决问题。对于新担任教学任务的教师或者新开设的课程，要求在开学之初必须面向全体教师做教学方案的介绍，大家共同探讨、共同提高。教学研讨的内容围绕教材、教学内容的选择、教学组织策略的制订等而展开，突出教法研究。加强教学管理和制度建设，逐步完善学校、学院、教研室三级教学管理体系，并建立教学过程控制与反馈机制。学校以国家和教育部相关法律、法规为依据，针对教师培训制度、教学管理制度、教学质量检查与评价制度、学生学籍管理制度以及学位评定制度等制定了一系列文件，并针对教学管理中出现的新情况、新问题，对教学管理相关文件做及时修订、完善和补充。学院一级由院长、主管副院长，教学秘书、教务秘书，教研室主任负责组织和实施各项规章制度；教研室主任则具体负责每一门的落实情况，把各项规章制度贯穿到底。教学督导组常规的教学检查，每学期都要进行的教学期中检查、学生评教活动等能够有效地保证教学过程的控制，及时获取教学反馈，以便做出实时调整和改进。这些制度和措施，有效地保证了教学秩序的正常开展和教学质量的提高。

六、建构一体化课程计划

对于计算机学科的核心课程的建设应该严格遵循专业规范的要求，同时也要注重理论课教学的系统性和逻辑性，这样能够对学生构建完整的专业知识体系起到一定的帮助作用；与此同时，要根据对社会、毕业生和产业的调查结果进行课程的设置，注重对学生工程实践能力和创新能力的培养，从而能够对学生的职业生涯发展起到一定的促进作用。

除此之外，还需要在课程体系上下功夫，分析并解决高级应用型人才培养的实际问题，制订集理论教学、实验教学与工程实践为一体的课程计划。该课程计划注重培养学生的能力，依托综合性的工程实践项目，将学科性理论课程、训练性实践课程和理论实践一体化课程进行有机整合，从而培养学生的基本实践、专业实践、研究创新和创业以及社会适应能力。按照计算机人才培养目标，可以进一步分解上述四种能力，并且将其融入理论课程和实践教学中。

一体化课程计划的实施要求教师有在IT产业环境中工作的工程实践经验，除具备学科和领域知识外，还应具备工程知识和能力，并且能够向学生提供一些相关的案例，为学生提供学习的榜样。该专业具有就业指向性的专业课程教学的实施过程分成两个阶段，由具备学科和领域知识的校内专职教师和具备工程知识和能力的企业兼职教师共同完成。今后，该专业承担专业教学任务的所有教师均应达到上述要求。

第五节　手段设计改革

一、课程教学模式改革

（一）改革路径

1. 实施步骤

以“任务驱动法”为核心的教学模式改革的实施过程，主要由四个步骤构成：首先是创设情境，其次是确定任务，再次是学生自主学习、协作学习，最后是效果评价。

2. 实施阶段

以“任务驱动法”为主导的教学模式改革将从四个阶段实施。第一个阶段是调研论证阶段，由专业技术骨干成立指导小组，对方法进行调研论证，形成可行性分析报告，并形成改革计划方案。第二个阶段为推广阶段，通过教学示范课、教研活动等方式进行思想及方法的推广。第三个阶段为实施阶段，通过对课程内容的修订、对课堂模式的改进等方法由一线教师实施其教学模式。最后是评价修订阶段，通过对学生学业评价、对教学课堂效果评价等形式对实施过程进行论证及修正，完善其改革模式。

（二）改革要求

1. 教学与实践相融合

①融合多种教学形式，紧密衔接理论和实践教学。

②通过不同的教学形式引入不同的教学环节。

③在学期结束之后进行专业核心实习环节设置。

④实习环节考核方式，以一个综合性的设计题目训练和考查学生对专业课程知识的运用能力。

⑤加强对学生专业素质和职业素质的训练。

2. 精进教学考评方式

①本着“精讲多练”的原则，改进考核方式。

②课程考核从偏重于期末考试改变为偏重于进行阶段考试。学期中可增加多次小考核。

③注重平时上课、作业、出勤率的相关考核，增加对平时创新性的应用。

3. 教学手段多样化

计算机专业教师在授课的过程中，应该更加注重教学手段的实用性与适应性，实施丰富的教学手段。教师授课以板书和多媒体课件课堂教学为主，并借助于相关教学辅助软件进行操作演示，改善教学效果，同时配合课后作业以及章节同步上机实验，加强课后练习。

4. 教育研究不断深化

教学与教研是两种概念，切不可混淆。在注重教学过程的同时也不能忽视教研的作用。在研究教育环节上，发挥学生的主动性，坚持学生主动参与研究、加速人才成长的基本原则。

在研讨学习类课程中，重点教授给学生研究方法、路径。而具体问题的解决则由学生主动地寻找其方案。对于今后立志从事研究工作的学生，则让他们及时参与教师的研究团队，使其较早地得到科研环境的熏陶、科研方法的指导、科研能力的提高。

（三）教学模式应顺应时代潮流与需求

时代的趋势，即社会发展的总趋势，表明我们现在正处于信息技术飞速发展的时代，各行各业的出现、发展、衰落甚至消失都与信息技术的发展程度密切相关。教育也是如此。我们应该培养学生在信息环境中的学习能力，鼓励学生积极、自主、合作地学习。培养学生使用信息技术学习的良好习惯，培养他们的兴趣和专业，提高他们的学习质量。信息技术影响着学生在网络环境下提问、分析和解决问题的能力，特别是在“互联网＋”的背景下，学生的身心与过去相比发生了巨大的变化，师生关系也将随之发生变化。传统的教学模式已经不能满足学生发展的需要。目前，我国高等职业教育的网络水平也在缓慢提高。在加快办学发展的同时，各高校也在教学过程中大力推广和使用网络信息技术，努力增强网络信息技术在教育环境中的优势。然而，通过对当前高校课堂教学模式及其教学效果的全面调查和分析可以发现，网络教学模式并没有充分体现其在高校教育中的优势和作用。这种基于网络的教学模式并不要求高等职业教育完全放弃传统的课堂教学模式。这两者并不矛盾。如果现代信息技术能融入传统课堂教学，网络教学就能得到充分有效的应用，吸收两者的优点，克服其局限性，大大提高高校教育的教学质量。

通过分析高校网络教学的现状，可以大致分为两类：第一类是教师利用信息技术媒体在多媒体环境和网络环境中向学生展示抽象而复杂的概念或过程，帮助他们更好地理解和接受这些概念或过程；第二种类型比第一种类型更先进。教师在整个学习过程中规划具体的课堂环境，采用项目教学法和任务驱动教学法，与教学内容紧密结合，激发学生的好奇心和学习动机，让学生在网络教学环境中独立探索，相互合作，获取知识和技能。在这一教学过程中，教师起着指导和监督的作用，形成了以学生为中心、以教师为中心的师生交流模式。教师采用第二种教学模式可以充分调动学生的学习积极性，营造良好的课堂气氛，进一步提高教学效果。同时，他们还培养学生探索、实践和使用信息技术的能力，这对提高学生的就业竞争力有着重要的作用。

为了跟上时代的发展趋势，高校并没有盲目地通过网络改革课堂教学模式。更重要的是，他们已经看到了网络教学相对于传统课堂教学模式的优势。

1. 资源丰富的教学模式

网络教学的本质是自然教育，教育的核心是以现代信息技术为媒介的教育资源网络。像知识的海洋一样，它拥有极其丰富的信息资源，包括来自各方的想法和观点。还有各种表达形式，如文本、图像、视频和数据库。这些资源有多种形式，并通过图片和文本进行说明。过去，传统教材或教师课堂教学可以转换成电子书、音频材料和视频。此外，许多著名教师愿意分享他们自己的学习材料、讲座、公开课、优秀课程，甚至小到他们自己的教学计划。与此同时，互联网上有许多学习网站通过搭建平台来吸引学习者。例如，新的学习模式——微课，通常持续 5 到 8 分钟，基本上不超过 10 分钟。教师关注课堂教学中的问题或知识点。内容简洁，主题突出，学习效果稳步提高。微课教学作为一种新型的教学资源，正在慢慢进入每个人的视野，吸引着越来越多的人去学习。

2. 资源开放的教学模式

网络教学打破了传统的封闭式大学教学，能够满足不同类别和层次的人的教育需求。有了网络教学，分散在世界各地的人们可以在虚拟教室里一起学习和讨论，而不受时间和空间的束缚。他们还可以访问其他相关的知识点或论点，以拓宽视野，拓宽思维，培养开放的思维习惯。此外，由于网络教学不受课堂时间和地点的限制，不同的学生可以根据自己的实际情况和学习进度安排自己的学习时间，从而进一步提高学生的主动性和自主性。与此同时，政府还鼓励高校积极开展有自己特色的网络课程。学校还制定了政策，鼓励教师在网上提供自己的课本、信息和知识资源。

3. 资源共享的教学模式

另一方面，它可以更好地促进教育资源、数据资源、硬件资源和软件资源的共享，让学校的学生可以跨学校选择班级，校外学生通过在线教学获得的学分可以被识别和转换，这有利于学生的个性化发展。此外，在网络教学的影响下，边远山区教学条件落后的学生也可以在教学能力强的教师的指导下，实时了解相关的教育法规和政策，获得丰富多样的教学资源。基于网络的教学打破了学校和国家之间的界限，学生可以决定如何接受教育。

4. 交互性强的教学模式

因为网络拥有丰富生动的信息资源和强大的互动能力，学生可以快速获得他们需要的信息，学生和教师、学生和学生都有机会充分交流和沟通。在网络教学中，在教师向学生解释知识内容的过程中，学生和教师可以深入分析某个问题并相互交换意见。教师可以及时得到学生的反馈，以改进他们的教学方法。借助网络，学生可以通过教学平台与其他研究人员、博物馆和图书馆以及其他学生或网络上的信息资源进行交流，以便及时了解他们的进步或不足，并相应地调整他们的学习，从而不断培养他们的能力，提高他们的知识水平。

5. 个性化的教学模式

到目前为止，已经有许多高级教师不再局限于教授学生有限的知识，而是注重培养学生的学习自主性。对于不同的学生，他们的个性、智力、学习兴趣和学习能力是不同的。传统课堂教学的统一教材、统一的教学时间表和统一的人才培养计划难以达到预期的教学效果。教育也应该尊重这种个体差异。高校基于网络的课堂教学模式改变了传统的教学模式，使以教师为中心的教学成为以学生为中心的教学。通过独特的信息数据库管理技术，学生的学习过程、阶段和个性数据可以被完全跟踪和记录，然后存储，这样教师可以根据学生的差异安排学习进度，选择教学方法和材料，并向学生提出个性化的学习建议。在教师的指导下，学生可以根据自己的实际情况自主选择所需的知识，真正实现个性化教学。

无论我们是继续使用传统的教学模式，还是推广网络教学模式，归根到底，都是为了培养学生的自学能力，激发学生的学习兴趣，帮助学生做出正确的判断，然后快速获得知识和技能。只有这样，在进入社会后，高校毕业的学生才能够面对各行各业的竞争，成为有用的人才，不会随着时代的变化而被社会淘汰。在充分利用信息技术设计先进教学条件的基础上，网络课堂教学模式整合了教师的教学资源，基于项目的教学模式分解了教学任务，让学生能够有意识地分组学习，在业余时间或日常生活中，极大地激发了学生的学习和参与热情，提高了学生自主学习的广度和深度。因此，构建多元化的网络职业课堂教学模式势在必行。

二、教学模式评价改革

（一）实施教学质量监管模式

院校重视对教学质量的监控，包括对课堂教学质量的监控，以及对实践教学质量的监控。

1. 课堂教学监管

完善传统教学质量监控体系。通过听课和评课教学监控制度的实施，保证课堂教学的授课质量。通过及时批改学生的作业，进一步了解课堂教学的实际效果，根据学生学习情况及时对教学方案进行调整。

利用先进技术手段，强化课堂教学质量监控。启用课堂监控视频线上线下的功能，各类人员可以根据权限，对课堂教学进行全方位的监督、观摩和研讨等。

2. 实践教学监管

学院特别强调实践教学质量，包括课程实验、毕业设计和实训、学期综合课程设计，以及学生项目团队的项目辅导等方面的工作。对于课程实验和学期综合课程设计，应严格检查学生的实验报告和作品，并对其进行批改和评价。要求毕业设计和实训按时上交各个阶段的检查报告，并对最终完成的作品进行答辩评分。

此外，学院还重视教学质量分析，具体操作为逐级填写教学质量分析报告：教师根据所授课程的学生作业和考试情况，填写课程教学质量分析报告；教研室主任根据本专业教师教学、学生成绩、实习基地反馈意见等综合情况填写专业教学质量分析报告，分析教学过程中所存在的问题以及教学改革与创新的效果，为教学研讨和教改指明方向。

（二）教学评价模式改革

1. 评价标准

根据职业教育特点，结合“校企对接、能力本位”的培养模式，与企业联合制订出以考核学生综合职业能力为目的的评价方案。

坚持学校的“五考核”（基础素质考核、普通话考核、计算机能力考核、专业技能考核、学业成绩考核）要求，在此考核标准的前提下，本专业将在基础素质考核中加入企业元素，通过与企业交流，将企业相关的文化知识，产品知识与操作常识引入考核体系。

2. 考核标准

在专业技能考核中对接企业，注重能力本位的核心思想，使专业技能考核与企业案例相结合，通过对综合能力的考核，测评学生的职业能力。同时将办公自动化，企业网组建，广告设计，VI 创作指南，综合布线技训等课程的实训过程（实验报告、作品等次、任务完成等）纳入学业成绩考核评价体系。在计算机能力考核方面将注重与社会考证相结合，以模拟计算机考证真实环境为依托，提高学生在校期间取得认证的能力。通过以上考核模式的修订，着力打造学校、企业、社会共同参与的“三评合一”的学生评价模式。

三、实践教学体系的改革

（一）教学体系的改革

1. 实践教学标准的设立

实践教学体系的改革首先要确定实践教学标准。构建实践教学体系并制定标准，分析应用型高校计算机专业实践教学体系及其实施过程中存在的不足，提出构建培养应用创新型人才的“基本操作”“硬件应用”“算法分析与程序设计”“系统综合开发”四种专业能力的实践教学体系，并给出了具体途径、方法及实施效果，使学生在理论课程学习的基础上，有方向地掌握实践知识和开拓创新思维，所学的知识与未来的就业联系密切，学习更有动力。

2. 实践教学内容的改革

突破以往传统的教学内容的局限性，不断丰富实践教学内容，拒绝形式化的实践教学，对教学内容进行改革。实践教学内容的改革，对于培养学生的团队精神与实践能力是具有重要意义的。计算机专业的课程除了要与时俱进之外更要注重前沿动态，跟上时代发展的步伐固然重要，但是也要有一定的前瞻性。例如一个方向是微软平台的开发工具，如 C++、ASP. NET 等开发语言，一个系列是以 Java 为基础的跨平台开发工具，如 Java、JSP 等开发语言，要勇于突破先前的技术方法。

3. 实践教学教师人才的储备

理论教学与实践教学是计算机专业教学的两大方向。目前各个院校都不缺理论型的教师人才，关键就是做好对于实践教学教师人才的储备工作，加大对实践教学教师队伍的建设。

重视实践教学师资建设，实践教师的选拔与理论型教师应该有所不同。实践教师应该具有一定的工作经验，注重实践教学与教学科研的能力，可以进行实践教学教师的人才储备，定期召开工作会议，总结经验，不断优化教师整体队伍的建设。

除此之外，还要对目前学校的教师队伍进行定期的培训。学校应该积极鼓励教师在教学科研方面的工作。对于开展校企合作的学校可以让教师与企业合作，共同参与研发重大的科研项目，提供给教师一定的进修机会与名额。有一定工作经验的教师在实践教学的过程中比较有优势。

4. 实践教学实验室的建设

除了实践教学的实训基地之外，最重要的实践教学的场所就是学校的实验室。对于建设计算机专业的实验室，也是计算机专业实践教学体系改革的重要举措之一。

经过多年的努力建立了多个计算机的专业研究所以及各级实验室，如模式识别与智能系统实验室、大学生科技实践与创新工作室、智能信息处理实验室，还应该建立带有院校特色的校重点实验室，如科学计算与智能信息处理实验室，为学生开展课程实践创新创业活动提供了坚实的硬件环境基础。

（二）实践教学模式的发展

1. 多样化教学模式探索

对于计算机专业而言，实践性的要求自然会比一些专业要高。对于实践教学模式的探索也应该建立在多样化的基础上，不能满足于现有的教学模式。

多样化教学模式探讨，把适合实践课程教学的教学理论方法，如任务驱动式、多元智力理论、分层主题教学模式、“鱼形”教学模式等综合应用到网页制作、数据库设计、程序设计、算法设计、网站系统开发等课程中，利用现代通信工具、互联网技术、学校评教系统，以及课堂、课间师生互动获取教学效果反馈，根据反馈结果及时调整教学方式和课程安排，以有效解决学生在理论与实践结合过程中遇到的问题，在解决问题的过程中逐步提高学生的应用创新能力。

2. 有层次地开设实践课程

对于实践课程的开设应该是有目的、有层次的。专业课程也是院校学生发展必不可少的一种素质提升。计算机专业课程的理论与实践的课程设置与学分的配比情况应该有所改变，理论课程与实践课程应该是基于同样地位的，理论知识是良好开始，那么实践课程就应该是完美的结束。既有理论框架又有实践能力，这才是学校应该培养的计算机专业人才。

专业实践类课程包括与单一课程对应的课程实验、课程设计，与课程群对应的综合设计、系统开发实训，等等。每一门有实践性要求的专业课程都设有课程实验，根据实践性要求的高低不同开设对应的课程设计，课程设计为 1 到 2 个学分。每一个课程群的教学结束后会有对应的综合设计、系统开发实训课，以培养学生的综合开发和创新设计能力。

3.“四位一体”实践模式的应用

实践教学的指导理念就是为学生的发展所服务，所进行的实践课程与实践活动也应如此。学校可以使用“四位一体”实践教学新模式，训练学生的实践能力。积极开展实验实习实训活动，特别大力开展特色实践教学建设，由“实践基地＋项目驱动＋专业竞赛”共同构建实践平台，实现“职业基础力＋学习力＋研究力＋实践力＋创新力”的人才培养。

（三）培养学生创新与团队意识

1. 创建学生兴趣小组

引导学生按年级层次建立兴趣小组或参与项目开发小组、科研小组，突出知识运用能力和交流能力的培养。

创建学生兴趣小组，也是锻炼学生实践能力的一种方式。兴趣小组可以在教师的指导之下，与团队磨合、合作共同完成一项活动。动手、创新、合作能力都可以加以锻炼。校企合作的院校可以针对企业的相关项目来创建小组。项目开发小组的服务对象主要是即将毕业的计算机专业的学生，既可以锻炼学生的实践能力还可以以此作为毕业课题，一举两得。

2. 组织竞赛活动

高校应有目的地组织学生参加各类竞赛，突出创新思维能力和团队协作能力培养。高校应积极组织学生参加各种专业技能大赛，并组织教师团队对参赛的学生进行专业知识和技能培训。

教师应通过各种竞赛充分培养学生的创新思维能力，检验学生对本专业知识、实际问题的建模分析，以及数据结构及算法的实际设计能力和编码技能；鼓励学生跨专业、跨系、跨学院多学科综合组建团队，通过赛前的积极备战，锻炼学生刻苦钻研的品质，培育团队协作的精神，增强学生的动手能力，提高学生的创新能力和分析问题、解决问题的能力。

3. 鼓励学生创新

创新不仅是院校更是国家大力鼓励的。各高校应开展学生创新创业教育和鼓励学生申报创新创业项目。教师应对学生进行专门的创新创业启蒙教育，引导学生增强创新创业意识，形成创新创业思维，确立创新创业精神，培养其未来从事创业实践活动所必备的意识，增强其自信心，鼓励学生勇于克服困难、敢于超越自我。

各高校应鼓励学生申报校级、区级、国家级创新创业项目，安排专业知识渊博、实践经验丰富、特别是有企业工作经验和科研项目研究经验丰富的教授、博士、硕导作为项目指导教师，对学生的项目完成过程进行全程指引，以促进培养学生的实践应用创新能力。

第六节 环境设计改革

一、基础建设与实施环境

（一）完善质量监控机制

1. 建立高效的教学质量监控体系

高校应该严格按照教学质量评估的要求，全面监控主要教学环节的质量。对教学活动来说，应该严格执行教学计划、教学大纲、教学任务以及教学进度和课程表，明确每个人的责任，从而能够确保教学活动和教学过程的规范、有序。制订教学资料归档要求，并为每一门课程配置课程教学包。

2. 建立多层次、全方位的教学监督反馈机制

首先，实施校院两级监督评估制度，建立二级教学监督委员会，特别是聘请具有丰富教学经验的教师组建教学督导委员会，负责监督和指导该行业的专业教学。还要建立日常的教学检查体系，及时反馈考试成绩和教师及相关领导反映的问题，以促进教学质量的提高。

其次，实施学生评教和学生信息员制度，并在每学期期中教学之后进行学生评教。学院应该向教师及时反馈学生的评教情况，积极鼓励教师对其教学方法进行改进，以促进教学质量的提高。学生信息员则不定期将学生对教师教学情况的意见通过辅导员反馈到教学秘书处，帮助学院及时发现和解决教学过程中可能存在的问题。

（二）建立课程负责人制度

本着夯实基础、强化应用、项目化教学的原则，根据培养目标要求，在CDIO大纲的指导下，以学生个性化发展为核心，以未来职业需求为导向，大力推进课程建设和教材建设。针对计算机课程所需的基础理论和基本工程应用

能力，根据前沿性和时代性的要求，构建统一的公共基础课程和专业基础课程，作为专业通识教育学生必须具备的基本知识结构，为专业方向课程模块提供有效支撑，为学生后续学习各专业方向打下坚实的基础。教材内容要紧扣专业应用的需求，改变“旧、多、深”的状况，贯穿“新、精、少”的原则，在编排上要有利于学生自主学习，着重培养学生的学习能力。

（三）建立高效的管理与服务

专业或所在分院应配备专职管理人员，处理教学教务日常工作。教学管理人员应以“一切为了学生成才，一切为了教师发展”为基本指导方针，树立“为教学服务、为教师服务、为学生服务”的理念，从被动管理走向主动服务，树立新的观念，研究未来社会对人才的需求趋势、人才培养的现状与社会需求之间的差距，以及与其他高校相比较的优势和不足，为教学改革提供支持。在管理的过程中，应该充分发挥自身的专业优势，可以通过使用教务管理系统、课程教学平台等信息化手段提高管理的效率和水平。

（四）完善教学条件，创造良好育人环境

在计算机课程的建设过程中，按照教育部高校教育评估的要求，结合创新人才培养体系的有关要求，紧密结合学科特点，不断完善教学条件。

①重视教学基本设施的建设。多年来，通过合理规划，积极争取到高校投入大量资金，用于新建实验室和更新实验设备、建设专用多媒体教室、学院专用资料室，实验设备数量充足，教学基本设施满足了高校教学和人才培养的需要。

②加强教学软环境建设。在现有专业实验教学条件的基础上，加大案例开发力度，引进真实项目案例，建立实践教学项目库，搭建课程群实践教学环境。

③扩展实训基地建设范围和规模，办好“校内”“校外”实训基地，搭建大实训体系，形成“教学—实习—校内实训—企业实训”相结合的实践教学体系。

④加强校企合作，多方争取建立联合实验室，促进业界先进技术在教学中的体现，促进科研对教学的推动作用。

（五）教学资源与条件

1. 实验室

在实验教学条件方面，计算机专业一般应设有软件实验室、组成原理实验室、微机原理与接口技术实验室、嵌入式系统实验室、网络工程实验室、网络

协议分析实验室、高性能网络实验室、单片机实验室、系统维护实验室和创新实验室。

软件实验室主要进行程序设计、管理信息系统开发、数据库应用、网页设计、多媒体技术应用、计算机辅助教学等知识的设计实验。在本实验室中可以设计建设网站，锻炼将复杂的问题抽象化、模型化的能力；熟练地进行程序设计，开发计算机应用系统和 CAI 软件，能够适应实际的开发环境与设计方法，掌握软件开发的先进思想和软件开发方法的未来发展方向；掌握数据库、网络和多媒体技术的基本技能。

计算机组成原理实验室用于开设组成原理等课程的实验性教学，通过实验教学培养学生观察和研究计算机各大部件基本电路组成的能力，加深专业理论和实际电路的联系，使学生掌握必要的实验技能，具备分析和设计简单整机电路的能力。

微机原理与接口技术实验室用于开设微机原理与接口技术等课程的实验性教学。微机原理与接口技术课程设计作为微机原理与接口技术课程的后续实践教学环节，旨在通过学生完成一个基于多功能实验台，满足特定功能要求的微机系统的设计，使学生将课堂教学的理论知识与实际应用相联系，掌握电路原理图的设计、电路分析、汇编软件编程、排错调试等计算机系统设计的基本技能。

网络工程实验室通过网络实验课程的实践，使学生了解网络协议体系、网络互联技术、组网工程、网络性能评估、网络管理等相关知识，能够灵活使用各类仪器设备组建各类网络并实现互联；能够实现由局域网到广域网再到无线网的多类型网络整体结构的构架和研究，具有网络规划设计、组建网络、网络运行管理和性能分析、网络工程设计及维护等能力。

2. 实训基地

计算机专业的学生教育不可缺少的环节就是实验、训练和实习，因此各高校对实习、实训基地的建设十分重视。与企业合作力度的加强，对建设实习基地起到了一定的推动作用。各高校大力聘请企业工程师给学生提供一些相关的学科课程，并且还组织学生观看并参与到企业项目的研发过程中来，方便学生及时了解专业发展的相关动态。在建设实习基地的同时，将基地建设推向大型企业单位，并对实习期进行延长，以学生的实习促进学生的就业，以学生的就业来推动建设新的实习基地。

3. 教学环境

应用型人才的培养应具备良好的应用教学环境，除一般的教学基础设施外，还应具有将计算机硬件、网络设备、操作系统、工具软件以及为开发设置的应用软件集成为一体的应用教学及实验平台，为学生搭建一个校企结合的实训平台，以缩短学校和社会的距离。此外，应做到以下两点：建立健全课堂教学与课外活动相渗透的综合机制，即坚持课堂教学与课外活动的相互补充、教学管理机构与学生管理机构之间的协调合作、教师与学生之间的经常性互动与交流；将提高学习兴趣、拓宽知识视野、增强实践能力和培育理论思维能力紧密地结合起来，为培养综合性复合型人才创建优良的教学环境。

4. 教材建设

教材是教学改革的基础。教材建设的基本原则是紧密结合专业人才培养目标积极进行统筹规划，并且还要把选用与自编结合起来，对教材体系进行分层次、分阶段的完善。我们通过吸收国内外先进教材的经验，并通过组织一系列满足模块化要求的教材积极进行创新。

（六）教学管理与服务

通过树立服务意识，促进教学管理从被动管理转向主动管理，建立一套完备的教学管理和服务机制，确保专业教学管理的规范化和程序化，为教学改革提供支持。

①成立由学校、政府部门、企业的专家和领导组成的“专业指导委员会”，全面统筹本专业建设。以产业需求为导向，制定相应的机制来提高企业的参与度，广泛吸收产业界专家积极参与到研究和制订人才培养方案上来，建立的人才培养方案不仅要符合地区企业的发展需求，而且也要符合专业发展的规律。要结合地区发展的实际情况，不断在教学的过程中，审核和修订已经制定的人才培养方案。

②建立模块化教学体系质量保障系统，为了能够确保模块的质量，应从模块规划、模块实施和模块评价三个方面，对相应的制度进行制订。通过不断调查企业人才的知识与能力上的需求，每年都会更新模块的教学内容，与此同时，还安排了具体设计模块教学内容的负责人，并组织协调该模块的教学，从而使模块的教学内容可以将专业发展的现状充分反映出来，并且还能够与企业发展的需求相适应。

③成立专业教学督导组，对专业教学实行督导、评估。专业教学督导组的

常规工作包括：每位督导员每学期至少完成16次随堂听课任务，并针对教师教学中存在的问题给出指导和建议，做到督、导结合；抽检每学期考试试卷、毕业论文和其他教学过程材料，并给出客观评价，督促及时整改；每学期召开2～3次教学座谈会，对教学内容、教学方法、教材使用等进行全面交流，并对存在的问题提出改进意见和建议。

④推行过程考核制度，全面考核学生的知识、能力和综合素质，改变课程结束时“一考定成绩”的做法。针对理论教学环节，除期末考试外，增加笔记、考勤、随堂测验、小论文、读书笔记等多种考核项目；对于实践（训）教学环节，增加预习、过程表现、实践（训）报告等过程考核项目。

⑤构建信息化的教学和管理平台，实现信息采集、处理、传输、显示的网络化、实时化和智能化，加速信息的流通，提升教学和管理水平。同时引入网络实验系统、虚拟实验系统与数字化教学应用系统，提高教学设备与资源的利用率。

二、注重学科建设和产学合作

（一）注重学科建设

学科和科研水平是一所高校核心竞争力的重要标志，但新建院校往往存在学科建设和科学研究的先天不足，因此学科建设首先要树立信心，克服畏难和浮躁情绪，扎实稳步推进。同时，还应把握好自身的区位优势，瞄准地方重大战略需求和社会经济热点开展学科建设，与科研工作形成良性互动。立足现有基础，采取“以信息技术学科群为基础、突出重点、形成合力、凝练特色”的战略，应着重在以下几个方面进行学科建设。

1. 凝练学科方向，完善学科梯队结构

按照学科方向进行人员组织，由教师结合自身的研究兴趣确定所属学科方向梯队，培养一支在年龄、职称、学历结构上合理，具有创新精神、充满干劲与热情、团结合作的学术队伍。在组建科研队伍时，应坚持老中青相结合，并选拔高水平的学科带头人，从而打造合理和相对稳定的学科梯队。

2. 在学科建设中吸收高层次拔尖人才

高校的学科建设要有高层次拔尖人才作为领军人物和应用学科的带头人，他们不仅要有坚实的理论基础，还要有工程经验或技术研发能力，以及对应用

领域的广泛知识、创新能力和沟通能力。学科带头人的水平和能力决定了该学科的水平和影响力，因此，高等学校和科研机构的学科带头人都要聘请和选拔高层次专业拔尖人才。学校在引进人才的工作过程中，特别是遇到领军人物时，可实施一把手工程，切实解决引进中的问题、困难等。

3. 在学科建设中建立科研开发平台

应用型大学的学科是培养应用型人才、科研开发的基本平台。学科建设是建立人才培养和科研开发的基本单元，因此，学科建设中要建立完善的科研开发平台，包括研究所、研究基地或中心、重点实验室等。

4. 学科建设需要有团队的齐心协作

一个学科除要有学科带头人外，还要搭建一支学术梯队，形成学术、科研和教学团队，要根据规划不断调整学科队伍，建立合理的学术团队来确立研究方向、建设研究基地以及组织科研工作，改革教学计划提高教学水平。

（二）注重产学合作

从应用型院校培养应用型人才的特点来看，产学合作是必由之路。应用型人才的核心竞争力，其实就是生产第一线最需要、最有用的能力，而这种能力的培养必须同生产紧密结合才能有效。应用型院校大多比较年轻，无论从硬件角度还是软件角度来看，都无法与一些老牌院校尤其是重点高校相比。因此，应用型院校要想在高校中占有一席之地，必须具备自己的特色，即应该坚持走产学结合之路。

应用型院校应深刻地认识到产学合作是培养应用型人才的重要途径，在人才培养思路上，应紧紧围绕高等教育目标和地方经济发展对人才培养的要求，以就业为导向，以服务社会、产业需求为中心，将培养具有开拓精神和创新能力的应用型人才作为根本任务。应用型院校还应不断更新实践教学内容，加大实践教学课程在整个课程体系中的比重，把最新的实践成果、方法和手段纳入实践教学体系中，积极鼓励学生参与创业活动和教师的课题研究，强化学生将抽象理论转化为实际工作的能力，从而提高他们的创新精神和实践能力。

在教师的教学过程中，为了能够使培养的人才充分符合市场的需求，并且能够使毕业生转变为企业员工，因此，学校和企业应该共同建设教育和实践的平台，优先开展企业培训和实习的工作，从而使学校和企业能够密切结合，以满足企业对人才知识、能力和素质的综合要求。产学合作是专业建设的重要支柱，是应用型人才培养的重要途径。产学合作的目的是为了培养学生的综合能力，提高学生的综合素质，提高校业竞争力，要对多种教育环境和资源进行充分利用，将理论学习与工作实践相结合，提高人才培养的适应性和实用性，从而能够实现企业、学校和学生的多赢。

在产学合作中，高校具有教育优势，而企业直接为社会提供产品和服务，代表真实的社会需求。高校和企业共同进行产学合作的开展，合理对高校和社会这两个教育环境进行利用，合理进行理论研究和社会实践的开展，制定与社会需求更加贴近的人才培养方案、教学内容和实践环节，对高校教育和社会需求相脱节的问题解决有一定的帮助作用，使得人才培养与需求之间的差距不断缩小，提高了学生的职业竞争力，达到培养应用型人才的目的，起到学生、社会、高校互利互惠的效应。

大部分这个领域的学生更愿意在毕业时直接工作，特别是从事信息产业生产或者其他各种信息服务。要想促进学生核心竞争力的提高，应该密切关注在校期间学生专业素质的发展和提高。

1. 多渠道增强学生的职业素质

在新生教育阶段，教师就应该不断启发学生对职业生涯的规划进行思考，将在校学习与未来的职业规划结合起来。在校学习阶段，通过课堂教学、企业家论坛、实训等形式，学生逐渐对行业要求认同，并且自身也在不断增强其职业素质。在课程训练和短学期训练中，学生应该和实际参加工作一样，必须在纪律、着装、模拟项目开发等方面严格遵守企业的规范要求。

2. 建立实训基地

各高校通过建立完善的企业发展环境和文化氛围，引进企业管理的模式，不断对学生的职业素质进行培养，从而形成基于实战的互动式教学模式。对于实训项目，应来源于真实的项目，即在真实的环境下开发项目，并且要按时、按质完成，对学生的学习来说，就好比去参加工作，在学习的过程中，要时常进行分组讨论，不断发表自己的见解和看法，从而能够真正实现互动教学的意义。学生在经过这种类型的“真枪实战”的训练之后，在未来就业时就能够直接加入实际项目中来，并且通常都会受到用人单位的欢迎。

三、构建校企合作课程体系

（一）课程设置

1. 重新定义专业

在校企合作的模式之下，对于计算机专业的定义就应该有新的定义。对于在课程的设置上也应该有所改变。与企业合作的意义就在于适应市场需求、了解市场动态、与就业相联系。因此，对于专业的重新定义就显得尤为重要，做好市场调查工作，将专业设置方向精准定位等工作完成之后。学校与企业共同商议邀请专业教师与企业相关部门的领导人进行考证，以增强计算机专业的实用性与现实意义。

2. 研发课程内容

在校企合作的背景之下，对于研发课程要求也应该有所不同。课程开发应考虑到实现教学与生产同步，实习与就业同步。校企共同制订课程的教学计划、实训标准。学生的基础理论课和专业理论课由学校负责完成，学生的生产实习、顶岗实习在企业完成，课程实施过程以工学结合、顶岗实习为主。各专业的教学计划、课程设置与教学内容的安排和调整等教学工作应征求企业或行业的意见，使教学计划、课程设置及教学内容同社会实践紧密联系，使学生在校期间所学的知识能够紧跟时代发展步伐，满足社会发展的需要。

3. 教学标准评价

校企合作的教学评价体系需要加入企业的元素，校企共同实施考核评价，除了进行校内评价之外，还要引入企业及社会的评价。我们需要深入企业调研，采取问卷、现场交流相结合等方式，了解企业对本专业学生的岗位技能的要求，以及企业人才评价方法与评价标准，有针对性地进行教学评价内容的设定，从而确定教学评价标准。

4. 合作研发教材

既然对于专业的设置都有新的定义，自然对于教材的使用也应该有所不同。教材开发应在课程开发的基础上实施，并聘请行业专家与学校专业教师针对专业课程特点，结合学生在相关企业一线的实习实训环境，编写针对性强的教材。教材可以先从讲义入手，然后根据实际使用情况，逐步修改，过渡到校本教材和正式出版教材。

（二）教学设置

1. 授课要求

校企合作的好处就是教师与学生可以深入企业内部，进行一线的学习可以起到锻炼学生的作用。在授课方式上可以选择校企合作授课，学校可以进行统一规划，定期选派教师深入企业学习，企业可以安排学生负责具体的工作内容加以锻炼。学校与企业一起合作，以市场需求为导向，共同对计算机专业的课程与教学方式、内容、管理制度进行改进。学校为企业输送人才，企业为学校提供实践的机会，双方互利，实现共赢。

2. 共享实习基地

毕竟院校实习的基地有限、能力有限。但是，校企合作之后实习基地实际上可以共享。学校与企业共享实习基地，不仅可以优势互补，也可以节约成本。基地是可以长时间使用的，基地不仅是学校的师生了解企业的一张入场券，更是发挥基地的应有价值与培养学生的综合素质的重要途径之一。

四、校企合作共建实习实训基地

（一）校企合作共建实习实训基地的特征

在校企合作的基本合作模式中，学校教师积极参与学生培训的过程，学生理论和实践相结合的教学更有针对性。在校园内进行实习生培训，便于学校管理。

（二）校企合作共建实习实训基地的类型

1. 校企出资共建模式

学校和合资企业根据双方的优势规划培训基地，承担培训基地的硬件或软件建设任务。基本培训由双方共享，双方共享使用权。学校开设培训课程，主要执行教学培训和公司员工培训等任务。

2. 引企入校式

换句话说，学校已经建立了吸引公司到学校的场所，我们以免费或低租金的形式开展生产管理活动。培训基地将为学生创造真实的生产实习生环境，使用成熟的产品、熟练的工人、经验丰富的管理人员为学生创造真实的实践培训环境。

3. 引产入校式

学校给予自建实训基地的设备设施、师资、学生等条件，引进企业产品进行加工生产和销售。学生在基地熟练技术、完成顶岗实习。

4. 企业投资式

企业投资是指企业利用学校场地在学校建设实训基地，学校允许其在课余时间为学生提供有偿服务来收回投资的模式。

（三）校企合作共建实习实训基地利弊分析

1. 校企合作共建实习实训基地的意义

学校和公司之间的合作以及实习培训基地模式的建立是学校、公司和学生之间合作的一种形式。校企合作基础培训模式的构建是学校、企业和学生共赢的合作方式。学校方面，通过实践培训基地模式的合作建设，解决了学生实习的问题，校园实习培训活动便于学生的日常管理。公司方面，在实习培训模式中，教师首先接受培训，公司利用合作院校教师的深厚知识支持研发活动。学生方面，学生在实习培训中习惯了精密的机械和设备，提高了学生的能力，并为找工作奠定了基础。

2. 校企合作共建实习实训基地存在的问题

虽然学校的合作和实习培训的基地建设显示出许多优点，但也存在一些不可避免的问题。首先是使用问题，一些实验室和学生的专业没有密切关系，闲置之后导致了资源浪费。其次是维护问题，当实验室开放时，学生到实验室的时间增加，设备的使用率提高。但是，由于学生能力不成比例，一些设备不可避免地会受到损坏，这将增加设备的维护量。最后，有些学生对自身认识不足，缺乏参与精神，开放的实验室只有少数学生使用，偏离了学校和企业建立实习基地的初衷。

第三章　我国计算机教学现状与学生培养方向分析

教育一直以来都是社会所关注的热点话题，伴随着计算机的深入与发展，学校对于学生计算机的能力的培养也在不断地深入。本章以我国计算机教学现状与学生培养方向分析为题目，主要内容有计算机教学体系概述、计算机综合训练的内容、推行计算机教育的必要性等，希望本文能为计算机专业学生的培养提供帮助。

第一节　新时期计算机课程的教学现状

一、推行计算机教育的必要性

（一）国民经济发展的迫切需要

国民经济和社会发展对人力资源的结构和素质提出了新的要求。在走新型工业化道路和推进城镇化的历史进程中，我们不但需要一大批科学家、教授，也需要一大批高级工程技术人员、高级管理人员、高级技能型人员，还必须有数以亿计的高素质的普通劳动者，否则就难以真正拥有强大的生产力，实现国民经济的腾飞和中华民族的崛起。

众所周知，中国是经济大国，但不是经济强国；中国是人口大国，但不是人才大国；中国是教育大国，但教育的结构不尽合理，教育模式相对单一，特别是专业教育发展基础比较薄弱，与经济社会的发展不相适应。

我国的经济还缺乏核心竞争力。产业和产品的竞争关键是技术和人才的竞争。从未来的发展看，中国既缺少一批进入世界科技发展前沿的科学家，缺少一批支撑高科技产业发展的高层次人才，也缺少能将科技成果转化为直接生产力的应用型人才，缺少第三产业所急需的各类管理人才和技术人才，特别是缺乏能够迅速提高我国工艺水平、大幅度增强我国工业品国际竞争力的高素质的技术技能型人才。

（二）高等教育大众化的必然结果

教育的迅速发展对我国高等教育进入大众教育时代做出了重大的贡献。近年来大学的扩招主要是各大院校的扩招，民办高等教育也是发展教育。许多地区大力兴办教育，促进了本地区的经济和文化发展。如果没有高校的高速发展，也就不可能有如此众多的青年进入大学。

高等教育大众化必然带来教育制度的改革和教育结构的调整，以及社会观念、就业制度、人事制度等各方面的改革。高等教育结构调整的重点是发展和健全教育体系。

教育工作必须坚持科学发展观，职业教育与本科教育是教育体系的两大支柱，必须协调发展，不能一强一弱。

目前，我国的高等教育应当注意三个关系：一是高等教育的人才培养与就业市场的需求之间的关系；二是英才教育与大众化教育的关系；三是学科型教育与职业型教育的关系。

高校教育在办学指导思想上应当完成三个转变：一是从计划培养向市场需求的转变；二是从政府直接管理向宏观引导的转变；三是从面向专业学科的培养模式向职业岗位和就业导向的模式转变。各个院校要面向市场和社会需要设置专业、培养人才。

（三）建设和谐社会的重要途径

大力发展教育对于促进社会就业、构建社会主义和谐社会具有积极意义。发展高等教育是全面落实科学发展观的重要体现，也是形成全民学习、终身学习的学习型社会的重要途径。

许多大学毕业生不能及时找到工作。就业压力过大影响社会的稳定，不利于构建和谐社会。

事实上，我国国民经济的迅速发展对高素质的技术技能型人才的需求量很大，在许多领域一直供不应求。目前，一方面有的人找不到工作，另一方面有的工作却找不到人。这暴露了教育与社会需求的严重脱节。事实上，我国社会各行各业需要的职业岗位中，90% 以上是第一线应用型人才，从事理论研究的人不足 10%。而教育模式的单一性，使学校片面强调理论教学，忽视对学生应用能力的培养，使学生难以适应实际工作的要求，不可避免地造成就业的困难。

发展职业教育是促进社会就业、构建和谐社会的有效途径。

（四）国际上教育发展的重要趋势

当前，世界各国的教育与产业越来越紧密地结合起来。无论发达国家还是新兴工业国家都十分重视发展学校教育。他们的经验是：发展高等教育，培养大批高素质的技术技能型人才是经济腾飞的“秘密武器”。

大多数发达国家都采取了行之有效的高等教育模式，在注重培养高层次的研究型理论人才的同时，也花大力气培养大批高素质的技术技能型人才。这些高素质的技术技能型人才是最实际、最能给国家带来长远竞争优势的人群，是形成强大生产力并创造新的产业的真正秘诀。

二、当前计算机教育出现的问题

（一）传统教学模式的影响

计算机网络课程具有知识点多、抽象、难以理解的特点，而且具有较强的课程实践性。传统的课堂教学模式以教师为教学中心，而学生在课堂教学中的主体作用往往被忽视了，师生之间缺少互动与交流。这样的传统课程教学模式难以培养学生的学习兴趣以及激发学生的学习热情，对于创新型人才的培养也是非常不利的。

（二）实践教学环节没有得到重视

计算机网络课程具有很强的实践性与操作性。然而广大高校教师和学生却对这个特点的认识不足。计算机课程的实验项目又具有内容随意性过大、实验操作缺乏系统性等特点，最终导致了理论知识与实践技能环节的相互脱节。例如，在计算机组成原理的实验中，地址总线的实验和微指令实验可以说没有相关联性，但从理论知识系统可以看出两者具有紧密的联系，独立的实验或者没有关联性的实验是低效的，技能虽得以实践，但理论系统相对弱化，实验与理论之间脱节现象比较严重。

此外，当前各高校计算机网络课程的实验教学环境与设施配比仍然没有达到规定的标准。再者，参与计算机教学实验环节的教师也存在缺乏实践性教学经验的问题。还有就是，教学体系不完善，这是因为计算机信息技术的发展革新速度非常快，而高校的计算机课程的教学体系，包括教材内容及教学方式等缺乏应用性、操作性和创新性。重要的是，教材的换代和书本知识的更新远远赶不上新技术的发展速度与变化程度，这样计算机网络课程的教学也就偏离了培养目标。在大多数教师的教学模式中过于强调计算机技术的原理，而没有考虑到实际情况的局限性，这就使得学生掌握的计算机网络知识华而不实，无法真正地应用于现实的工作生活之中。这样不仅满足不了对学生创造能力的培养，同时也不利于社会的进步与发展。

第二节　新时期计算机教学培养体系

一、计算机教学培养体系概述

计算机教育课程是以培养学生的软件开发能力为主的理论与实践相融通的综合性训练课程。课程以软件项目开发为背景，通过与课程理论内容教学相结合的综合训练，使学生进一步理解和掌握软件开发模型、软件生存周期、软件过程等重要理论在软件项目开发过程中的意义和作用，培养学生按照软件工程的原理、方法、技术、标准和规范进行软件开发的能力，培养学生的合作意识和团队精神，培养学生的技术文档编写能力，从而提高学生软件工程的综合能力。

二、计算机的综合训练内容

由 2 至 4 名学生组成一个项目开发小组，选择题目进行软件设计与开发，具体训练内容如下。

熟练掌握常用的软件分析与设计方法，至少使用一种主流开发方法构建系统的分析与设计模型，熟练运用各种 CASE 工具绘制系统流程图、数据流图、系统结构图和功能模型，理解并掌握软件测试的概念与方法，至少学会使用一种测试方法完成测试用例的设计；分析系统的数据实体，建立系统的实体关系图（E-R 图），并设计出相应的数据库表或数据字典；规范地编写软件开发阶段所需的主要文档；学会使用目前流行的软件开发工具，各组独立完成所选项目的开发工作（如 VB、Java 等开发工具），实现项目要求的主要功能；每组提交一份课程设计报告。

（一）系统集成能力培养

1. 概述

课程以系统工程开发为背景，使学生进一步理解和掌握系统集成项目开发的过程、方法，培养学生按照系统工程的原理、方法、技术、标准和规范进行系统集成项目开发的能力。

2. 相关理论知识

①网络基本原理。

②网络应用技术。

③综合布线系统。

④网络安全技术。

⑤故障检测和排除。

⑥系统集成的组网方案。

⑦计算机硬件的基本工作原理和编程技术。

⑧系统工程中的网络设备的工作原理和工作方法。

⑨系统集成工程中的网络设备的配置、管理、维护方法。

⑩应用服务子系统的工作原理和配置方法。

3. 综合训练内容

本综合课程要求学生结合企业实际的系统集成项目完成实际管理，并加强综合集成能力。由 2 ～ 4 名学生组成一个项目开发小组，结合企业的实际情况完成以下内容后，每组提交一份综合课程训练报告。

①外联网互联。

②综合布线系统。

③远程接入网配置。

④故障检测与排除。

⑤计算机操作系统管理。

⑥网络设备的配置管理。

⑦计算机硬件管理和监控。

⑧网络工程与企业网设计。

⑨网络原理和网络工程基础知识的培训和现场参观。

⑩规范地编写系统集成各阶段所需的文档（投标书、可行性研究报告系统

需求说明书、网络设计说明书、用户手册、网络工程开发总结报告等）。

（二）软件测试能力培养

1. 概述

课程以软件测试项目开发为背景，使学生深刻理解软件测试思想和基本理论，熟悉多种软件的测试方法、相关技术和软件测试过程，能够熟练编写测试计划、测试用例、测试报告，并熟悉几种自动化测试工具，从工程化角度提高和培养学生的软件测试能力。

2. 相关理论知识

（1）软件测试理论

①软件测试理论基础。

②软件测试过程。

③软件测试自动化。

④软件测试过程管理。

⑤软件测试的标准和文档。

⑥软件性能测试和可靠性测试。

（2）其他测试理论

①系统测试。

②测试计划。

③测试方法及流程。

④ WED 应用测试。

⑤代码检查和评审。

⑥覆盖率和功能测试。

⑦单元测试和集成测试。

⑧面向对象软件测试。

3. 综合训练内容

由 2 至 4 名学生组成一个项目开发小组，选择题目进行软件测试。具体训练内容如下。

①理解并掌握软件测试的概念与方法。

②掌握软件功能需求分析、测试环境需求分析、测试资源需求分析等基本分析方法，并撰写相应文档。

③根据实际项目需要编写测试计划。

④根据项目具体要求完成测试设计，针对不同测试单元完成测试用例编写和测试场景设计。

⑤根据不同软件产品的要求完成测试环境的搭建。

⑥完成软件测试各阶段文档的撰写，主要包括测试计划文档、测试用例规格文档、测试过程规格文档、测试记录报告、测试分析及总结报告等。

⑦利用目前流行的测试工具实现测试的执行和测试记录。

⑧每组提交一份综合课程训练报告。

（三）系统设计能力培养

1. 概述

课程要求学生结合计算机工程方向的知识领域设计和构建计算机系统包括硬件，软件和通信技术，能参与设计小型计算机工程项目，完成实际开发管理与维护。学生在该综合实践课程上要学习计算机、通信系统、含有计算机设备的数字硬件系统设计，并掌握基于这些设备的软件开发。本综合训练课程培养学生如下素质能力。

（1）系统级视点的能力

熟悉计算机系统原理、系统硬件和软件的设计、系统构造和分析过程，要理解系统如何运行，而不是仅仅知道系统能做什么和使用方法等外部特性。

（2）设计能力

学生应历经一个完整的设计过程，包括硬件和软件的内容。这样的经历可以培养学生的设计能力，为日后工作打下良好的基础。

（3）工具使用的能力

学生应能够使用各种基于计算机的工具、实验室工具来分析和设计计算机系统，包括软硬件两方面的内容。

（4）团队沟通能力

学生要养成团结协作，以恰当的形式（书面、口头、图形）来交流工作，并能对组员的工作做出评价。

2. 相关理论知识

①计算机体系结构与组织的基本理论。

②电路分析、模拟数字电路技术的基本理论。

③计算机硬件技术（计算机原理、微机原理与接口、嵌入式系统）的基本理论。

④汇编语言程序设计基础知识。

⑤嵌入式操作系统的基本知识。

⑥网络环境及 TCP/IP 协议栈。

⑦网络环境下的数据信息存储。

3. 综合训练内容

本综合实践课程将对计算机工程所涉及的基础理论，应用技术进行综合讲授，使学生结合实际网络环境和现有实验设备掌握计算机硬件技术的设计与实现；可以完成如汇编语言程序设计的计算机底层编程并能按照软件工程学思想进行软件程序开发、数据库设计；能够基于网络环境及 TCP/IP 协议栈进行信息传输，排查网络故障。

由 3 或 4 人组成一个项目开发小组，结合一个实际应用进行设计，具体训练内容如下。

①基于常用的综合实验平台完成计算机基本功能的设计，并与个人计算机进行网络通信，实现信息（机器代码）传输。

②对计算机硬件进行管理和监控。

③熟悉常用的实验模拟器及嵌入式开发环境。

④至少完成一个基于嵌入式操作系统的应用，如网络摄像头应用设计等。

⑤对网络摄像头采集的视频信息进行传输、压缩（可选）。

⑥对网络环境进行常规管理，即对网络操作系统的管理与维护。

⑦每组提交一份系统需求说明书、系统设计报告和综合课程训练报告。

（四）项目管理能力培养

1. 概述

课程以实际企业的软件项目开发为背景，使学生体验项目管理的内容与过程，培养学生参与实际工作中项目管理与实施的应对能力。

2. 相关理论知识

①项目管理的知识体系及项目管理过程。

②合同管理和需求管理的内容、控制需求的方法。

③成本估算过程及控制、成本估算方法及误差度。

④项目进度估算方法、项目进度计划的编制方法。

⑤质量控制技术、质量计划制订。

⑥软件项目配置管理（配置计划的制订、配置状态统计、配置审计配置管理中的度量）。

⑦项目风险管理（风险管理计划的编制、风险识别）。

⑧项目集成管理（集成管理计划的编制）。

⑨项目的跟踪、控制与项目评审。

⑩项目结束计划的编制。

3. 综合训练内容

选择一个业务逻辑能够为学生理解的中小型系统作为背景，进行项目管理训练。学生可以由 2 或 3 人组成项目小组，并任命项目经理，具体训练内容如下。

①根据系统涉及的内容撰写项目标书。

②通过与用户（可以是指导教师或企业技术人员）沟通，完成项目合同书、需求规格说明书的编制；进行确定评审；负责需求变更控制。

③学会从实际项目中分解任务，并符合任务分解的要求。

④在正确分解项目任务的基础上，按照软件工程师的平均成本、平均开发进度，估算项目的规模和成本、编制项目进度计划，利用 Project 绘制甘特图。

⑤在项目进度计划的基础上，利用测试和评审两种方式编制质量管理计划。

⑥学会使用 Source Safe，掌握版本控制技能。

⑦通过项目集成管理能够将前期的各项计划集成在一个综合计划中。

⑧能够针对需求管理计划、进度计划、成本计划、质量计划、风险控制计划进行评估，检查计划的执行效果。

⑨能够针对项目的内容编写项目验收计划和验收报告。

⑩规范地编写项目管理所需的主要文档：项目标书、项目合同书项目管理总结报告。

三、构建计算机教学体系建设的意义

对多年来国内外高等院校信息技术实践教学改革进行综合分析和借鉴的基础上，针对当前信息技术类应用创新型人才培养存在的弊端和问题提出了以应用创新和创业为导向，以“产学研用”结合为切入点，通过教学资源库建设、专业核心课程教学改革、多维融合的拔尖计算机人才培养平台构建和新型校企合作人才培养机制构建等一系列措施，开展“三个课堂为一体，多维平台联动”的具有区域和学校特色的应用创新型信息技术类专业人才培养体系建设。其建设的意义主要在于以下几点。

第一，对应用创新型信息技术人才培养过程中的主要实践教学环节进行综合改革，系统地优化和构建高效的实践教学体系，建立具有时代特征、区域和学校特色的一整套可操作性的应用创新型计算机人才培养的运行和管理机制，为地方高等院校进一步大力推动实践教学改革提供理念、模式、制度等借鉴。

第二，紧密结合高校信息技术类教育改革发展的趋势，深入分析企事业单位的人才特点，对大学生实践能力、创新创业能力进行系统训练。这对有效培养高水平的应用创新型特色人才具有重要的参考价值，同时对提升地方高校的信息技术类应用创新型特色人才培养质量也具有积极的理论和现实意义。

第三，根据西部落后地区大学特点和珠三角地区的社会经济发展对应用创新型计算机人才的需求，依托地方经济发展的支柱产业，在“产学研用”相结合的基础上，为国家造就大批基础扎实、综合素质高、工程应用能力强、创新创业能力强的应用创新型人才，以服务地方经济社会发展。这对增强高校的社会服务能力，促进地区及国家的经济发展有着极为重要的作用。

第三节　新时期计算机学生培养方向

一、培养新时期计算机学生的特征

（一）适应经济发展要求

新时期科学技术发展、产业结构调整、经济发展转型、劳动组织形态变革等使经济建设和社会发展对人力资源需求呈多样化状态。目前，我国经济社会发展急需大量的应用型本科人才。因此，高等教育必须适应经济社会发展为行业、企业培养各类急需人才。应用型本科教育要透彻了解区域和地方（行业）经济发展现状和趋势，充分把握人才需求新特征，在此基础上，科学定位应用型本科人才的培养目标及规格。

（二）以专业教育为基础

现代应用型本科人才所具备的能力应是与将要从事的应用型工作相关的综

合性应用能力，即集理论知识、专项技能、基本素质为一体，解决实际问题的能力。这种能力培养的主要途径是专业教育。以能力培养为核心的专业教育体现在3个层面：第一，坚持“面向应用”建设专业，依据地方经济社会发展提炼产业、行业需求，形成专业结构体系；第二，坚持“以能力培养为核心”设计课程，课程体系、课程内容、课程形式的设计和构架都要以综合性应用能力培养为轴心，且打破理论先于实践的传统课程设计思路；第三，贯彻“做中学”的教学理念，要确立教学过程中学生的主体地位，学生要亲自动手实践，通过在工作场所中的学习来掌握实际工作技能和养成职业素养。

二、构建中国特色的教育人才培养模式

（一）实现就业需求

培养目标是人才培养模式的核心要素，是决定教育类型的重要特征体现，是人才培养活动的起点和归宿，是开放的区域经济与社会发展对新的本科人才的需求，要做到“立足地方、服务地方”。专业设置和培养目标的制定要进行详细的市场调查和论证，既要有针对性，使培养的人才符合需要，也要具有一定的前瞻性和持续性，避免随着市场变化频繁调整。应用型本科教育与学术性本科教育的根本区别在于培养目标的不同。明确应用型本科教育培养目标是培养应用型人才的首要且关键任务，其内容主要有两方面：一是要明确这类教育要培养什么样的人，即人才培养类型的指向定位；二是要明确这类人才的基本规格和质量。

关于应用型本科教育培养目标的基本规格，仍可以由本科教育改革中所共识的“知识、能力、素质”三要素标准来界定，但其区别在于三要素内涵的不同，体现在应用型学科理论基础更加扎实、经验性知识和工作过程知识不可忽视、职业道德和专业素质的养成更加突出、应用能力和关键能力培养同等重要。

（二）专业课程应用导知、学科支撑、能力本位

1. 以应用为导向

“以应用为导向”就是以需求为导向，以市场为导向，以就业为导向。“应用”是在对其高度概括的基础上，考虑技术、市场的发展，以及学生自身的发展可能产生的新需求，而形成的面向专业的教育教学需求。在应用型本科教育中，“应用”的导向表现在五个方面。

第一，专业设置面向区域和地方（行业）经济社会发展的人才需求，尤其是对一线本科层次的人才需求。

第二，培养目标定位和规格确定满足用人部门需求。

第三，课程设计以应用能力为起点，将应用能力的特征指标转换成教学内容。

第四，设计以培养综合应用能力为目标的综合性课程，使课程体系和课程内容与实际应用较好衔接。

第五，教学过程设计、教学法和考核方法的选择要以掌握应用能力为标准。

2. 以学科为支撑

“以学科为支撑”是指学科是专业建设的基础，起支撑作用，专业要依托学科进行建设。学科支撑在专业建设与人才培养中体现在以下方面：第一，以应用型学科为基础的课程建设，开发以应用理论为基础的专业课程；第二，以应用型学科为基础的教学资源建设，为理论课程提供应用案例的支撑，为综合性课程提供实践项目或实际任务的支撑，为毕业设计与因材施教提供应用研究课题和环境的支撑；第三，引领专业发展，从学科前沿对应用引领作用的角度，为专业发展提供新的应用方向；第四，为产学合作创设互利的基础与环境，通过解决生产难题、开发创新技术，以应用型学科建设的实力为行业、企业服务。

3. 以应用能力培养为核心

以应用能力培养为核心，构建应用型本科人才培养模式的原则，既是应用型专业建设的理念，也是处理实际问题的原则。面向应用和依托学科是构建应用型本科人才培养模式必须同时遵循的两个重要原则，但在实际中，由于学制范围相对固定，如何协调两者关系，做到既突出面向应用，又强调依托学科，往往成为制订人才培养方案的难点和关键点。按照传统的思路，增加理论学时意味着减少应用学时：反之亦然，结果可能顾此失彼，造成“应用”和“学科”的冲突。“以应用能力培养为核心”主要体现在以下方面。

（1）建设应用能力培养的公共基础和专业基础课程平台

应用型教育的学科是指应用型学科，应建构一组具有应用型教育特色的学科基础课程，它们可能与传统的课程名称相同，但课程内容应遵循应用型学科的逻辑。在此基础上还可以针对不同专业学科门类，进一步建构模块化的应用型学科基础课程体系。

（2）应用能力培养贯穿于专业教学过程

应用能力是指雇主需要的能力、学生生涯发展的能力等，能力培养要遵循“理论是实践的背景”和“做中学”的教育理念，将应用能力培养贯穿于专业教学全过程。

（3）按理论与实践相融合的应用型课程原则设计好专业课程

改革课程设计思想和教学法，整合课程体系，设计课程内容，构建新的课程形式，使理论与实践相融合，实现应用导向和学科依托在课程设计中目标相一致。

（4）全面职业素质教育是重要方面

专业教育是针对社会分工的教育，以实现人的社会价值为取向；通识教育注重培养学生的科学与人文素质，拓展人的思维方式。应用型本科教育具有专业教育性质，应更多考虑生产服务一线的实际要求，突出应用能力的培养。同时，也要注重培养学生的职业道德和人格品质，使学生成为高素质的应用型人才。素质的获取不是传授，也不是培训，而是贯穿于整个人才培养的过程。因此，素质教育主要不能靠课堂教学，而是通过良好的教育环境创设和培养的。

4. 坚持课程建设改革创新

应用型本科教学改革必须坚持课程建设改革与创新。应用型本科教育的课程从性质上大体可以分为三类：理论课程、实践课程、理论实践一体化课程（也称为综合性课程）。

实践课程包括实验、试验、实习、训练、课程设计、毕业设计等多个具体的教学环节。每个环节对学生培养的目的不同，如实验侧重于验证和加强理论知识的掌握，培养学生的研究、设计能力；训练是一种规范的掌握技术的实践教学环节。学术性高等教育更重视实验，实验教学是主要的实践教学内容，而应用型本科教育的实践教学呈多样化状态，尤其要重视训练环节，包括技术训练、工程训练等，以提高学生的实际应用能力。

应用型本科教育的理论课程在名称上与学术性教育的理论课程可能相同或相近，但内容和重点有所不同，需要进行课程改革。在课程性质上，实践训练课程、理论实践一体化课程与高职相近，但课程目标、内容、难度等方面应有较大提升，为适应应用型本科的培养目标，应用型本科教育需要进行课程创新。

5. 培养学生创新能力

学术性教育强调学科教育。分析课程和教学是学术性教育的重要内容，现让学生从系统级上对算法和程序进行再认识。创新能力来自不断发问的能力和坚持不懈的精神。创新能力是在一定知识积累和开发管理经验的基础上，通过实践、启发而得到的，创新最关键的条件是要解放自己，因为一切创造力都根源于人潜在能力的发挥，所以创新能力在获得知识能力、基本学科能力、系统能力之上。一个企业的发展必须要有一个充满创新能力且团结协作的团队。

6. 转变教育理念

应用型本科人才培养模式构架中很重要的一点是如何看待学生，即应用型本科教育的学生观。应用型本科教育要摒弃以单纯智力因素为依据判断学生优劣的传统选拔式的观念，树立大众化高等教育阶段“激励人人成才、培育专业精英”的学生观，要把有不同人生目标、不同志趣、不致力于学术性工作的学生，培养成适应不同岗位工作的应用型专门人才，指导应用型本科教育的育人工作。

7. 加强对应用能力的考核

以能力培养为核心的应用型本科教育需从全面考评学生知识、能力和素质出发，进行考核方式方法的改革，改变单一的以笔试为主的考核方式，应注重对学生学习过程的评价，把过程评价作为评定课程成绩的重要部分；同时要采用多种考核方式，如实习报告、调研报告、企业评定、证书置换、口试答辩等综合能力考核方式，配合书面考试，使考试能确实促进教学质量的提高和应用型人才的成长。

三、计算机人才培养体系构建的基本原则

（一）人才的全面发展

人才培养体系的确定既要结合社会的发展需求，又要结合学生的实际情况。伴随着高等教育的发展，应用型本科人才培养体系既要照顾到大众化的生源特点，还要注重人才培养体系的合理性与科学性。时代在发展，理念在更新，教育工作者应注意将最新的科学技术以及社会发展的成果应用到教学中，不断维持培养体系的先进性。

人才培养体系的构建作为一项综合的工程，会涉及很多内容，不仅有教学内容还会涉及课程体系的整合与优化。应用型本科人才培养体系要参考本科人才的培养目标与标准来制定，确保应用型本科人才的全面发展。

人的全面发展是一个长期的过程，需要不断优化应用型本科人才培养体

系。人才能力的提升会间接地提升人的综合素质的全面发展。人的全面发展与个性的发展并不冲突，全面发展是个性发展的基础，个性发展是全面发展的具体表现。

（二）学术性与职业性相结合

我国一直以来都比较重视培养人才的理论性与学术性，尤其是培养对象的理论水平与科研能力。本身，学科发展就具有很强的逻辑性，学科知识也有着内在的体系价值。按照学科知识进行现实社会生产肯定会有一定的差异。缺乏一定的职业性与应用性，所培养出来的学生在现实的应用中肯定会出现这样或者是那样的问题。

所以，应用型本科人才的培养体系应该将先进的基础知识与实践能力相结合，适应社会的发展需求。

（三）知识教学与能力培养相结合

知识教学与能力培养相结合是应用型本科与一般意义上的本科的重要区别。应用型本科注重能力的培养，也注重将理论知识教学与能力相结合。新世纪对人才的定位与追求更加全面，学生一定要具备一定的综合素质才可以适应社会的发展需求。否则就没有发展的后劲，就不会在生产实际中“熟能生巧”和“技术创新”，就不会分析专业性问题和创造性地解决问题，这是相辅相成的关系。

（四）专业教育与素质培养相结合

具备相应的综合职业能力和全面素质是应用型人才的重要特征。要为学生提供形成技术应用能力所必需的专业知识，同时，学生在实际工作中遇到的问题往往仅靠专业知识无法解决，还需要掌握除专业知识外的科学人文知识和经验，既具有专业知识又具有综合素质的学生很受企业青睐。

企业需要毕业生具有良好的人品，具有合作精神，拥有脚踏实地、敢于拼搏，吃苦耐劳，敢于奉献，最重要的是具有社会责任感。而学生普遍缺乏责任心是现代学生的特色。因此，加强学生的素质教育在任何时候都不过时，而素质培养是通过潜移默化的方式使学生所学知识和能力内化为自己的心理层面，积淀于身心组织之中。对学生的思想成长具有重要的指导和促进作用，对大学生素质的形成和发展起着主导作用，使学生不仅会做事更要会做人，不仅能成才更要能成人。

四、顺应计算机的发展潮流

随着信息技术的发展，计算机在我们的日常生活中扮演了越来越重要的作用。有专家预测，今后计算机技术将往高性能、网络化与大众化、智能化与人性化、节能环保型等方向发展。随着时代的发展、科技的进步，计算机已经从尖端行业走向普通行业，从单位走向家庭，从成人走向少年，我们的生活已经不能离开它。

随着 21 世纪信息技术的发展，网络已经成为我们触手可及的东西。网络的迅速发展，给我们带来了很多的方便、快捷，使得我们生活发生了很大的改变，以前的步行逛街已被网络购物所替代，以前的电影院、磁带、光盘已被网络视听所替代。计算机的发展进一步加深了互联网行业的统治地位，现在互联网在人们的心中已经根深蒂固，人们的大部分活动都从互联网开始。

现在是一个动动鼠标就可以获取知识的时代。现在很多事情，大家都会通过网络搜索来解决，这表达了互联网对我们的影响，网络搜索可以让我们在很短的时间内就可以上知天文下知地理。在网络上我们可以随时获取我们想要的知识，让人们可以花费更少的时间获取更多的知识。

网络时代的到来，增加了我们获取知识的渠道，很多时候我们再也不需要拿着沉重的书籍穿梭在茫茫人海中，现在我们只要随身携带一台便携式计算机，在我们需要的时候，连接到互联网上，所有的信息就可以在几分钟内获取到，这种获取知识的模式使人们的生活方式得到很大的简化。

网络的发展使得通信功能变得更加流行。而网络的流行，使得通信功能家喻户晓。而在随后出现的软件，各类聊天室等都成为人们互相沟通的方便快捷的工具。最原始的通信方式是在动物的骨骼上刻字来传达信息，之后人们发明了造纸术，这也成为代替前者的工具，它不仅记载简单，而且携带方便，因而成为当时最流行的通信工具，但它的传播速度是很慢的，而且没有很好的安全性。

目前，随着计算机的普及，互联网成为当下的主流通信方式，网络的出现使得通信模式越发简单化、越发方便化、越发及时。人们可以通过网络实现全球的通信，只要有网络存在的地方，就可以随时通信，不仅速度快，而且信息安全。因此，培养人才的方式，更要与时俱进，不能脱离时代发展。

五、加强特色专业教学资源建设与应用

研究和构建以网络为基础、以资源为核心、以应用为目标、以服务为特征的校本特色的专业教育教学精品资源库，为培养特色应用创新型信息类专业人才提供充沛的教学资源，并有效用于教学，以提高学生学习效率和知识消化水平及提高教师的教学效率和质量。

①研究与设计教育教学精品资源库平台，为教学资源的共享和使用提供支持。

②构建专业核心课程和特色课程的教学视频库、教案和课件库、题库、教学案例库等。

③构建信息类相关课程的慕课和微课精品库。

④构建信息类专业学生的实习资源库，包括专业实习资源库和教育实习资源库。

⑤专业教学资源库的教学实践研究与应用推广。

六、营造良好的应用创新型人才培养环境

构建多维融合的特色应用创新型拔尖计算机人才培养平台，营造良好的特色应用创新型人才培养环境。

①竭尽全力，创设各种有利条件开展学科基础平台建设，为培养特色应用创新型计算机专业人才的培养提供坚实的基础。

②构建基于科技项目和应用开发项目、以名师为纽带的大学生科技实践与创新工作室，探究应用创新型拔尖人才的培养。

③建设基于学科优势、以班级形式培养拔尖应用创新型人才的卓越软件工程师实验班。

④构建以学科竞赛和大学生创新创业项目等课外科技创新活动为依托的平台，探究拔尖应用创新型人才培养。

⑤探究多维平台的搭建和融合，以营造更好的学习气氛和科技实践与创新环境为重点，激发学生的热情、激情和创造力，培养具有区域和学校特色的应用创新型计算机人才。

第四节　新时期计算机学生的培养目标

一、适应信息社会的发展要求

对计算机人才的需求是由社会发展大环境决定的，我国的信息化进程对计算机人才的需求产生了重要的影响。信息化发展必然需要大量计算机人才参与到信息化建设队伍中。因此，计算机专业应用型人才的培养目标和人才规范的制定必须与社会的需求和我国信息化进程结合起来。

由于信息化进程的推进及发展，计算机学科已经成为一门基础技术学科，在科技发展中占有重要地位。计算机技术已经成为信息化建设的核心技术和一种广泛应用的技术，在人类的生产和生活中占有重要地位。社会高需求量和学科的高速发展反映了计算机专业人才的社会广泛需求的现实和趋势。通过对我国若干企业和研究单位的调查，信息社会对计算机及其相关领域应用型人才的需求如下。

（一）与社会需求相一致

国家和社会对计算机专业本科生的人才需求，必然与国家信息化的目标进程密切相关。计算机专业毕业生就业出现困难不仅是数量或质量问题，更重要的是满足社会需要的针对性不够明确，导致了结构上的不合理。笔者认为计算机人才培养也应当呈金字塔结构。在这种结构中，研究型的专门人才（在攻读更高学位后）主要从事计算机基础理论、新一代计算机及其软件核心技术与产品等方面的研究工作。对他们的基本要求是创新意识和创新能力。工程型的专门人才主要应从事计算机软硬件产品的工程性开发和实现工作。对他们的主要目的实现是技术原理的熟练应用（包括创造性应用）、在性能等诸因素和代价之间的权衡、职业道德、社会责任感、团队精神等。金字塔结构中应用型（信息化类型）的专门人才主要应从事企业与政府信息系统的建设、管理、运行、维护的技术工作，以及在计算机与软件企业中从事系统集成或售前售后服务的技术工作。对他们的要求是熟悉多种计算机软硬件系统的工作原理，能够从技术上实施信息化系统的构成和配置。

与社会需求的金字塔结构相匹配，才能提高金字塔各个层次学生的就业率，满足社会需求，降低企业的再培养成本。信息社会大量需要的是处在生产第一线的编程人员，占总人数的 60% ～ 70%；中间层是从事软件设计、测试设计的人员，占总数的 20% ～ 30%；处在最顶端的是系统分析人员，占总数的 10%。

目前计算机从业人员的结构呈橄榄形。由此可见，应用型人才的培养力度还需要加强。对于应用型人才的专门培养正是计算机专业应用型本科教育的培养目标。目前，其市场需求可以分为两大类：政府与一般企业对人才的需求、计算机软硬件企业对人才的需求。计算机本科应用型人才首先应该能够成为普通基层编程人员，通过一段时间的锻炼，他们应该能够成为软件设计工程师、软件系统测试工程师、数据库开发工程师、网络工程师、硬件维护工程师、信息安全工程师、网站建设与网页设计工程师，部分人员通过长期的锻炼和实践能够成为系统分析师。

（二）实现对研究型人才和工程型人才的需求

从国家的根本利益来考虑，必然要有一支计算机基础理论与核心技术的创新研究队伍，需要高校计算机专业培养相应的研究型人才，而国内的大部分 IT 企业（包括跨国公司在华的子公司或分支机构）都把满足国家信息化的需求作为本企业产品的主要发展方向。这些用人单位需要高校计算机专业培养的是工程型人才。

（三）满足复合型计算机人才的需求

在当今的高度信息化社会中，经济社会的发展对计算机专业人才需求量最大的不再是仅会使用计算机的单一型人才，而是复合型计算机人才。对于复合型计算机人才的培养一方面要求毕业生具有很强的专业工程实践能力，另一方面要求其知识结构具有“复合性”，即能体现出计算机专业与其他专业领域相关学科的复合。例如，计算机人才通过第二学位的学习或对所应用的专业领域的学习，具备了计算机和所应用的专业领域知识，从而变成复合型应用人才。

（四）满足计算机人才素质教育需求

企业对素质的认识与目前高等学校通行的素质教育在内涵上有较大的差异。以自主学习能力为代表的发展潜力，是用人单位最关注的素质之一。企业要求人才能够学习他人长处，弥补自己的不足，增强个人能力和素质，避免出现“以我为中心、盲目自以为是”的情况。

（五）培养出理论联系实际的综合人才

目前计算机专业的基础理论课程比重并不小，但由于学生不了解其作用，许多教师没有将理论与实际结合的方法与手段传授给学生，致使相当多的在校学生不重视基础理论课程的学习。同时在校学生的实际动手能力亟待大幅度提高，必须培养出能够理论联系实际的人才，才能有效地满足社会的需求。为了适应信息技术的飞速发展，更有效地培养一批符合社会需求的计算机人才，全方位地加强高校计算机师资队伍建设刻不容缓。人才培养目标指向是应用型高等教育和学术型高等教育的关键区别，其基本定位、规格要求和质量标准应该以经济社会发展、市场需求、就业需要为基本出发点。

二、符合应用型人才培养目标

计算机科学与技术专业应用型人才培养目标可表述如下：本专业培养面向社会发展和经济建设事业第一线需要的，德、智、体、美全面发展，知识、能力、素质协调统一，具有解决计算机应用领域实际问题能力的高级应用型专门人才。

本专业培养的学生应具有一定的独立获取知识和综合运用知识的能力，较强的计算机应用能力、软件开发能力、软件工程能力、计算机工程能力，能在计算机应用领域从事软件开发、数据库应用、系统集成、软件测试、软硬件产品技术支持和信息服务等方面的技术工作。

应用型本科侧重于培养技术应用型人才，因此，应用型计算机本科专业下设计算机工程、软件工程和信息技术 3 个专业方向。

该专业培养的人才应具有计算机科学与技术专业基本知识、基本理论和较强的专业应用能力以及良好的职业素质。

三、适应应用型人才能力需求层次与方向

对计算机专业应用型人才能力培养目标的设定需要以人才能力需求的层次作为基础依据，人才能力需求层次又将决定专业方向模型，且任何能力都可以由能力的分解构成，其设定在很大程度上影响着对人才的培养。应用型本科教育的培养要求是使学生毕业时具有独立工作能力，即学校在进行人才培养前首先要对人才市场需求进行分析，依据市场确定人才所需要具备的能力。应用型本科教育应将能力培养渗透到课程模式的各个环节，以学科知识为基础，以工

作过程性知识为重点，以素质教育为取向。教师应了解人才培养规格中对所培养人才的知识结构、能力结构和素质结构的要求，而能力结构是与人才能力需求层次紧密相关的。

在计算机人才的金字塔结构中，最上层的研究型人才注重理论研究，而从事工程型工作的人才注重工程开发与实现，从事应用型工作的人才更注重软件支持与服务、硬件支持与服务、专业服务、网络服务、Web 系统技术实现、信息安全保障、信息系统工程监理、信息系统运行维护等技术工作。结合应用型本科的特点，人才能力需求层次的划分应涉及工程型工作的部分内容和应用型工作的全部内容，其层次分为获取知识的能力、基本学科能力、系统能力和创新能力。

可以看出对毕业生最基本的要求是获取知识的能力，其中自学能力、信息获取能力、表达和沟通能力都不可缺少，这也是成为“人才”的最基本条件。学校在制订教学计划时，更应该注重学生基本学科能力培养的体现，这是不同专业教学计划的重要体现。基本学科能力中的内容已是在较高层面上的归纳，对基本学科能力的培养，并不是几门独立的课程就可以完成的，要由特色明显的一系列课程实现应用型人才所具备的能力和素质培养。之所以将系统能力作为人才能力需求的一个层次划分，是因为系统能力代表着更高一级的能力水平，这是由计算机学科发展决定的，计算机应用现已从单一具体问题求解发展到对一类问题求解，正是这个原因，计算机市场更渴望学生拥有系统能力，这里包括系统眼光、系统观念、不同级别的抽象等能力。这里需要指出，基本学科能力是系统能力的基础，系统能力要求工作人员从全局出发看问题、分析问题和解决问题。系统设计的方法有很多种，常用的有自底向上、自顶向下、分治法、模块法等。以自顶向下的基本思想为例，这是系统设计的重要思想之一，让学生分层次考虑问题、逐步求精鼓励学生由简到繁，实现较复杂的程序设计：结合知识领域内容的教学工作，指导学生在学习实践过程中把握系统的总体结构，努力提升学生的眼光，实现让学生从系统级上对算法和程序进行再认识。

在教育优先发展的国策引导下，我国的高等教育呈现出了跨越式的发展，已迅速步入大众化教育阶段，一批新建应用型本科高校应运而生，也为教育改革提出了新的课题。

应用型本科必须吸纳学术性本科教育和高等职业教育的特点，即在人才培养上，一方面要打好专业理论基础，另一方面又要突出实际工作能力的培养。因此，计算机科学与技术专业应用型本科教育应在《高等学校计算机科学与技术专业发展战略研究报告暨专业规范（试行）》（以下简称《专业规范》）的统一原则指导下，根据学科基础、产业发展和人才需求市场确定计算机科学与技术专业应用型人才培养目标，探索新的人才培养模式，建立符合计算机应用型人才的培养方案，以解决共同面临的教学改革问题。

四、推行以专业规范为基础的教学改革

（一）突出人才培养目标的指向性

根据应用型本科教育人才培养模式的“以应用为导向、以学科为基础、以应用能力培养为核心、以素质教育为重要方面”的四条建构原则，在专业教学改革中必须强调：计算机科学与技术专业应以培养应用型本科人才为主。

应用型人才是我国经济社会发展需要的一类新的本科人才，其培养目标的设计要具有这类新的本科人才的类型特征，在人才的培养规格、专业能力和工作岗位指向等方面要有别于学术型人才的培养目标。为了突出应用型人才培养目标的指向性，根据教育部《专业规范》的要求，应用型教育本科层次的培养目标应定位于满足经济社会发展需要的、在生产、建设、管理、服务第一线工作的高级应用型专门人才，即“计算机科学与技术”专业应用型人才。培养方案的“培养目标”应明确表述为：培养德、智、体、美全面发展的、面向地方社会发展和经济建设事业第一线的、具有计算机专业基本技能和专业核心应用能力的高级应用型专门人才。

（二）构建人才培养的模式

计算机本科专业下设 4 个专业方向：计算机科学、计算机工程、软件工程和信息技术。鉴于应用型本科侧重于培养技术应用型人才的特点，考虑计算机科学与技术专业设置计算机工程、软件工程和信息技术 3 个专业，其人才培养规格为：具有扎实的自然科学基础知识，较好的经济管理基础、人力社会科学基础和外语应用能力；具备计算机科学与技术专业基本知识、基本理论和较强的专业能力（专业能力包含“专业基本技能”和“专业核心应用能力”两方面内涵）以及良好的道德、文化、专业素质。强调在知识、能力和素质诸方面的协调发展。在应用型计算机专业人才的知识结构、能力结构、素质结构的总体描述中：A 类课程——学科性理论课程是指系统的理论知识课程，包括依附于理论课程的实践性课程，例如实验、试验、课程设计、实习、课外实践活动等；

B 类课程——训练性实践课程是指应用型本科教育新增加的一类实践课程，包括单独开设或集中开设的实践课程，旨在掌握专业培养目标要求的专项技术和技能；C 类课程——理论实践一体化课程或称为综合性课程，也是应用型本科教育新增加的课程类型，旨在培养综合性工作能力。

（三）遵循科学的课程体系构建原则

应用型本科教育教学改革主要包括理论导向、培养目标、专业结构、课程改革等 4 个方面，其中课程体系改革是应用型本科教学改革的关键。为了有效缩小大学的本科学习和毕业工作之间的差距，《计算机科学与技术》专业本科课程体系应能体现应用型本科教育的特点，从经济社会发展对人才的实际需求出发，了解产业和行业的人才需求，依托学科，面向应用，实现知识、能力、素质的协调发展，着眼于教育教学过程的全局，从人才培养模式的改革创新入手，依据应用型本科人才培养目标，构建“学科—应用”导向的课程体系。应用型本科教育的课程体系应包括以下 4 组课程：

①学科专业理论知识性课程组；②专业基本技术、技能训练性课程组；③培养专业核心应用能力的课程组；④学会工作的课程组。

这 4 组课程可以概括为学科性理论课程、训练性实践课程和理论实践一体化课程 3 个基本类型。构建计算机专业的应用型本科课程体系的基本原则应该是：从工作需求出发，以应用为导向，以能力培养为核心，建设新的学科基础课程平台；组建模块化专业课程；增加实践教学比重，强调从事工作的综合应用能力培养。通过改革理论课程，增加基本技术、技能训练性课程，创新理论实践一体化课程，依据各自学校的实际条件，最终形成有特色的应用型本科专业课程体系结构，计算机专业课程体系应当采用适当的结构图（如柱形图、鱼骨图等）形式来描述，并在各学校的专业人才培养方案中明确给出相应的课程体系结构。比如，北京联合大学构建的“软件工程方向”的“柱形”结构课程体系，合肥学院构建的“模块化”结构课程体系，金陵科技学院构建的计算机科学与技术专业（软件工程）方向的“鱼骨形”课程结构图，浙江大学城市学院构建的“211 阶段型”结构课程体系，等等。

进入 21 世纪以来，推崇创新、追求创新成为人们普遍的意识。在我国，为适应知识经济时代对创新型人才的需求，推进教育创新成为我国深化教育改革进程中面临的一项重要而紧迫的任务。实施创新教育是一项艰巨、复杂的工程，它涉及教育观念、教育体制、育人环境、教学内容、教学模式、教学方法、教学评价体系等诸多方面。

高等教育大众化推动了高等教育的快速发展。为了顺应高等教育大众化发展的需要，培养出符合社会经济发展需要的应用型人才，各学校都在借鉴国内外先进的应用型本科教学模式的基础上，锐意进取，不断改革创新，找到符合本校特色的计算机科学与技术专业应用型本科人才培养方案。

第四章　新时期计算机课程体系与教学体系的改革

目前计算机在社会之中得到广泛应用，在计算机基础课程教学过程当中，如果依然采取传统模式进行教学，无疑会落后时代发展步伐，不利于对学生的培养以及教学。所以，应当加强对计算机基础课程体系的研究和构建，同时应当加强计算机教学体系的改革工作，提升计算机教学质量以及效果。本章分为课程体系改革、教学体系改革、教学管理改革、师资队伍建设四部分。主要内容包括课程体系建设、课程教学改革、教材建设、教学资源平台建设、专业实训建设与改革、教学制度、过程控制与反馈、师资结构、教师发展等方面。

第一节　课程体系改革

一、课程体系建设

课程体系设置得科学与否，决定着人才培养目标能否实现。如何根据经济社会发展和人才市场对各专业人才的真实要求，科学合理地调整各专业的课程设置和教学内容，建构一个新型的课程体系，一直是我们努力探索、积极实践的核心。计算机学院将课程体系的基本取向定位为强化学生应用能力的培养和训练。本专业的课程设置体现了能力本位的思想，体现了以职业素质为核心的全面素质教育培养，并贯穿于教育教学的全过程。教学体系充分反映职业岗位资格要求，以应用为主旨和特征构建教学内容和课程体系；基础理论教学以应用为目的，以“必须、够用”为度，加大实践教学的力度，使全部专业课程的实验课时数达到该课程总时数的 30% 以上；专业课程教学加强针对性和实用性，教学内容组织与安排融知识传授、能力培养、素质教育于一体，针对专业培养目标，进行必要的课程整合。

（一）指导思想

1. 遵循基本规律

“面向应用、需求导向、能力主导、分类指导”是大学计算机基础教育实践中已取得的基本经验，也是基本规律，它不仅指导大学计算机基础教育课程建设，同样也指导课程体系设计。也就是说课程体系也要遵循“面向应用、需求导向、能力主导、分类指导”的基本规律进行设计。

2. 体现改革目标

大学计算机基础教育教学改革的四个目标，即“设计多样化课程体系，实施灵活性教学”“更新课程内容，适应计算机技术发展”“重视计算思维能力培养”“提升运用计算机技术解决问题的能力”，在课程体系设计中也应体现。

3. 以课程改革为基础

大学计算机基础教育课程改革是其课程体系改革的基础，也就是说现在讨论的课程体系改革是建立在每一门相关课程改革基础上的。

4. 制定和提出指导性意见

大学计算机基础教育的各级各类专家组织，如各级教学指导委员会、各类学术组织等，可视大学计算机基础教育的发展状况，制定和提出大学计算机基础教育课程体系框架，并分阶段给出课程和课程体系改革的指导性意见或建议，有关学校可学习参考这些意见或建议，设计开发本校大学计算机基础教育课程和课程体系。

5. 放手学校自主构建相应课程体系

由学校自主构建大学计算机基础教育课程体系是对大学计算机基础教育课程体系改革的创新。学校依据教育主管部门对大学计算机基础教育的要求、有关专业学术组织对该课程体系构建的指导性意见或建议、各种类型的教育、各类专业的需求、学生实际情况等，按学校的总体要求，选择构建相应的课程体系，经批准后实施。

6. 引进现代教育技术

现代教育技术对教育的支持越来越重要，已成为提高教学质量的关键要素之一。现代教育技术在课程与教学中的应用可包括教学资源库建设、课程和教学的数字化平台开发以及翻转课堂、微课程、MOOC 的应用等。现代教育技术在教学中的应用不仅限于技术层面，而且涉及教学的各个方面，因此，在大学计算机基础教育中引进现代教育技术，要从整体层面考虑，进行顶层设计。

7. 逐步借鉴国际教育经验

在出国考察借鉴其他国家大学计算机基础教育经验时，我们往往发现国外没有大学计算机基础教育这一提法，也就是说大学计算机基础教育是中国特色，而且这一特色对中国高等教育普及和推广计算机技术起到关键性作用。但调查也显示，尽管国外大学没有大学计算机基础教育的提法，也没有明确的教学环节和教学组织机构，却都存在大学计算机基础教育的内容，其方式是在学校指导下学生选学相关计算机课程，学校要求必须修满必要的学分，通过这一方式达到对各专业学生计算机技术的普及应用。这种做法，在推动我国新的大学计算机基础教育教学改革中值得借鉴。

（二）构建原则

1. 提高课程及其改革的认识

首先，学校应提高对大学计算机基础教育及其改革的认识，明确在非计算机专业中大学计算机基础教育的重要作用和定位，传承大学计算机基础教育的历史经验，推动大学计算机基础教育教学改革。

其次，学校应将大学计算机基础教育课程体系构建的主导权更多地交给用户，即非计算机专业的教师和学生，但前提是必须明确非计算机专业中大学计算机基础教育的重要作用和定位，同时明确构建课程体系要坚持已取得的经验，并在此基础上进行课程体系构建的改革。

2. 确定课程的必修学时、学分与选修学分

明确大学计算机基础教育的重要作用和定位，要落实到具体的学时、学分要求和教学环境保障等。学校应明确规定大学计算机基础教育课程的必修学时、学分与选修学分，落实教学组织机构，搭建好教学环境。

3. 评估大学新生计算机基本操作能力

肯定作为“狭义工具”的计算机基本操作能力在学生职业生涯和社会生活中的重要意义，肯定计算机应用能力中基本操作能力的作用，正视大学新生掌握计算机基本应用能力“不均衡”的现实情况，评估各校新生计算机基本操作能力，依据《大学生计算机基本应用能力标准》（以下简称《能力标准》），

灵活开设达标性课程。

大学计算机基础教育中有“狭义工具论”之说，实质上有贬低计算机基本操作能力之意，而上文提到的“狭义工具”不是“狭义工具论”，而是针对计算机“广义工具”而言的，就是说无论是计算机硬件、软件，还是系统、平台，抑或是计算的思维、行动，对非计算机专业学生而言，都起着“工具”的作用，使用计算机的目的在于解决非计算机专业学科领域的问题。在广义、狭义之中，“狭义工具”是最重要的计算机基本操作能力，无论是科学家、工程师、教师、学生、干部、群众都必须具备使用计算机“狭义工具”的能力，所以这一讨论不在于说明计算机“狭义工具”是否重要，而在于对大学新生掌握“狭义工具”的计算机基本操作能力水平的评估。调查显示的大学新生掌握计算机基本应用能力“不均衡”的现实状态，决定作为以往的大学计算机基础教育第一门课程的“大学计算机基础”，必须依据《能力标准》和学生实际情况，灵活开设。

4. 发布大学计算机基础教育课程目录

学校可依据课程设计层次框架，对校内开设的大学计算机基础教育课程提出要求。可以由学校相应大学计算机基础教育教学机构提出课程大纲、选用教材和其他已具备的相应教学资源和环境等信息，也可由学校其他教学单位（如专业）提出拟开设的大学计算机基础教育课程信息，形成校内大学计算机基础教育课程目录，这一目录是经过学校审批可能开设的课程。这些课程应体现课程改革的特征，并符合学校的实际情况。课程开设者以校内大学计算机基础教育教学机构的教师为主也可包括非计算机专业的教师，还可以是学校可接受的MOOC形式。

5. 构建大学计算机基础教育课程体系

学校自主构建大学计算机基础教育课程体系，应由学校对相关课程教学提出具体要求，依据或参照各级教学指导委员会、各类学术组织等提出的大学计算机基础教育课程体系框架、课程和课程体系改革建设的指导性意见或建议，在学校计算机专家、教师指导下，以非计算机专业对开设大学计算机基础教育课程的意见为主构建本校计算机基础教育课程体系，并提出实施方案，经学校批准后实施。

（三）实施方案

1. 以能力为导向，构建“模块化”课程体系

根据培养标准对学生知识、能力和素质等方面的要求，通过打破课程之间的界限，整体构建课程体系，有针对性地将一个专业内相关的教学活动组合成不同的模块，并使每个模块对应明确的能力培养目标，当学生修完某模块后，就应该能够获得相关方面的能力。通过模块与模块之间层层递进、相互支撑，实现本专业的培养目标，并将传统的人才培养“以知识为本位”转变为“以能力为导向”。

2. 围绕能力培养目标，设置模块教学内容

针对本模块的培养目标有选择性地构建教学内容，将传统的课程改造为面向特定能力培养的“模块”。同时，整合传统课程体系的教学内容，实现模块教学内容的非重复性。另外，充分发挥合作企业所具有的工程教育资源优势，与企业共同开发和建设具有综合性、实践性、创新性和先进性的课程模块。

经过专业教师反复调研、研讨，将人才培养方案中具有相互影响的、有序的、互动的、相互间可构成独立完整的教学内容体系的相关课程整合在一起构成课程群。将本专业核心课程划分为基础课程群、硬件课程群和软件课程群。基础课程群包括计算机科学导论、离散数学、程序设计与问题求解、数据结构等；硬件课程群包括计算机网络、计算机系统结构、计算机组成原理、微机接口技术；软件课程群包括软件工程、操作系统、数据库原理及应用、算法分析与设计。通过课程群来整合课程教学内容，规划课程发展方向和新课程的建设，将学生各种能力的培养完全融于课程群之中。其中，确立“程序设计与问题求解”“数据结构”“面向对象程序设计”和“数据库原理及应用”四门课程为重点建设的核心课程。力求以重点课程的建设带动整个课程体系的建设，力求以点带面的建设促进本专业整个课程建设质量的提升。

（四）课程建设

作为本科教育的主渠道，课程教学对培养目标的实现起着决定性的作用。课程建设是一项系统工程，涉及教师、学生、教材、教学技术手段、教育思想和教学管理制度。课程建设规划反映了各校提高教育教学质量的战略和学科、专业特点。计算机专业的学生就业困难，不是难在数量多，而是困在质量不高，与社会需求脱节。通过课程建设与改革，解决课程的趋同性、盲目性、孤立性，

以及不完整、不合理交叉等问题，改变过分追求知识的全面性而忽略人才培养的适应性的倾向。

1. 夯实专业基础

针对计算机科学与技术专业所需的基础理论和基本工程应用能力，构建统一的公共基础课程和专业基础课程，作为各专业方向学生必须具有的基本知识结构，为专业方向课程模块提供有效支撑，为学生后续学习各专业方向打下坚实的基础。

2. 明确方向内涵

将各专业方向的专业课程按一定的内在关联性组成多个课程模块，通过课程模块的选择、组合，构建出同一专业方向的不同应用侧重，使培养的人才紧贴社会需求，较好地解决本专业技术发展的快速性与人才培养的滞后性之间的矛盾。

3. 强化实际应用

为加强学生专业知识的综合运用能力和动手能力，减少验证性实验，增加设计性实验，所有专业限选课都设有综合性、设计性实验，还增设了“高级语言程序设计实训”“数据结构和算法实训”“面向对象程序设计实训”“数据库技术实训”等实践性课程。根据行业发展的情况、用人单位的意向及学生就业的实际需求，拟定具有实际应用背景的毕业设计课题。

二、课程教学改革

（一）研究目标

1. 确立计算思维培养地位

无论在国外还是国内，计算思维的研究已经提到了一定的高度，但如何培养计算思维能力，是目前计算机教育界值得探讨和探索的问题。如何正确认识和准确定位计算思维在计算机基础课程教学过程中的贯彻和落实，如何针对当今的计算机基础课程教学进行课程内容的改革，以适应社会科技形势发展的需要，是当今计算机基础课程教学面临的重要挑战。因此，必须确定计算思维的发展情况，确立思维教学，特别是基于计算思维的教学学科体系。

2. 探索计算教学模式与学习模式

通过对计算机基础课程教学的阐述，探索出基于计算思维方法的课程教与学的模式：要求学习者在教学者的指引下，运用计算机基础概念或者计算机的思想和方法，学习知识，解决实际问题；要求教学者通过课程的教学内容、教学手段以及教学技术等，使学习者掌握计算机方法论，提高计算思维能力，在走向社会时能很快适应工作的要求。

3. 形成系统结构模型

探索基于计算思维的教学模式在语言程序设计、软件工程课程教学中的实践应用，分析课程对应的培养目标，构建教学模式在具体课程的实施程序。探索基于计算思维的学习模式应用，形成“一专（计算思维专题网站）一改（软件工程课程教学中计算思维能力培养模式探索教改项目）”的系统结构模型（TR结构模型）。结构模型首先以专题网站对这一新兴思维的本质、特征、发展、原理、国内外动态相关研究、教学案例等进行专题说明；其次，在软件工程课程教学中，运用计算机科学基础概念设计系统，求解问题，理解人类开发设计系统的行为，构成一个以计算思维专题网站为主体、以能力培养为核心、以软件工程教学改革在线学习系统为应用载体的新型计算机基础课程教学改革培养模式，为课程教学中的培养奠定基础。

（二）改革措施

1. 融合多种教学形式

通过将课堂教学、研讨、项目、实验、练习、第二课堂和自主学习等不同的教学形式引入模块化教学环节，学期结束进行专业核心课程的设计实习环节，以一个综合性的设计题目训练和考查学生对专业课程知识的运用能力，实现理论教学与实践教学的紧密结合，强化对学生工程能力和职业素质的训练。

2. 改进考核方式

计算机专业课程内容多，程序设计习题涉及范围广。为此，课程考核从偏重于期末考试改变为偏重于进行阶段考试。学期中可增加多次小考核，这能够使学生认真对待每一部分的学习。

3. 促进教学手段多样化

教师授课以板书和多媒体课件课堂教学为主，并借助于相关教学辅助软件进行操作演示，改善教学效果，同时配合课后作业以及章节同步上机实验，加强课后练习。

4. 加强研究教育环节

在研究教育环节上，坚持学生主动参与研究、加速人才成长的基本原则。在研讨学习类课程中，重点教授给学生研究方法、路径。而具体问题的解决则由学生主动地寻找其方案。对于今后立志从事研究工作的学生，则让他们及时参与教师的研究团队，使其较早地得到科研环境的熏陶、科研方法的指导、科研能力的提高。

三、精品课程建设

目前IT专业的自治区级精品课程有“数据库原理及应用”“VB程序设计”“数字化教学设计与操作”，校级精品课程有“CAI课件设计与制作”等，对以上课程以及所有核心课程，按精品课程建设的要求，结合精品课程建设项目和教学实践，建成了课程网络教学平台，实现了课堂理论教学、课内上机实验、课程设计大作业、课外创新项目等相结合的立体化教学，切实改善了教学内容、教学方法与手段和教学效果等，产生了一些特色鲜明、内容翔实的教学成果，带动了专业整体课程教学改革和水平的提高，有效地提升了专业教学的质量。

四、教学资源平台建设

建设开放和共享的网络教学资源平台，不仅为开放式的网络教学和数字化学习提供了极为有利的条件，而且为学生自主学习、协作学习及与兄弟院校共享教学资源创造了一个良好的平台。目前，学院已完成C语言的在线上机测试平台建设并投入使用，C语言、数据结构、数据库、C#等课程的试题库、教学视频库、教学案例库的建设已基本完成，正在进行实习资源库、微课、慕课等资源库建设工作。

五、教学质量监控

（一）课堂教学监控

完善传统教学质量监控体系。通过听课和评课教学监控制度的实施，保证课堂教学的授课质量。通过及时批改学生的作业，进一步了解课堂教学的实际效果，根据学生学习情况及时对教学方案进行调整。

利用先进技术手段，强化课堂教学质量监控。启用课堂监控视频线上线下的功能，各类人员可以根据权限，对课堂教学进行全方位的监督、观摩和研讨等。

（二）实践教学过程监控

学院特别强调实践教学质量，包括课程实验、毕业设计和实训、学期综合课程设计，以及学生项目团队的项目辅导等方面的工作。课程实验和学期综合课程设计，严格检查学生的实验报告和作品，并对其进行批改和评价。要求毕业设计和实训按时上交各个阶段的检查报告，并对最终完成的作品进行答辩评分。

六、校企合作构建课程体系

（一）共同探讨新专业的设置

新设置专业必须以就业为导向，适应地区和区域经济社会发展的需求。在设置新专业时，充分调查和预测发展的先进性，在初步确定专业后，邀请相关企业或行业部门、用人单位的专家等进行论证，以增强专业设置的科学性和现实应用性。

（二）校企合作开发教材

教材开发应在课程开发的基础上实施，并聘请行业专家与学校专业教师针对专业课程特点，结合学生在相关企业一线的实习实训环境，编写针对性强的教材。教材可以先从讲义入手，然后根据实际使用情况，逐步修改，过渡到校本教材和正式出版教材。

（三）校企合作授课

选派骨干教师深入企业一线顶岗锻炼并管理学生，及时掌握企业当前的经济信息、技术信息和今后的发展趋势，有助于学校主动调整培养目标和课程设置，改革教学内容、教学方法和教学管理制度，使学校的教育教学活动与企业密切接轨。同时学校每年聘请有较高知名度的企业家来校为学生讲课做专题报告，让学生了解企业的需要，让学生感受校园的企业文化，培养学生的企业意识，尽早为就业做好心理和技能准备。

（四）校企合作确定教学评价标准

校企合作的教学评价体系需要加入企业的元素，校企共同实施考核评价，除了进行校内评价之外，还要引入企业及社会的评价。我们需要深入企业调研，采取问卷、现场交流相结合等方式，了解企业对本专业学生的岗位技能的要求，以及企业人才评价方法与评价标准，有针对性地进行教学评价内容的设定，从而确定教学评价标准。

第二节　教学体系改革

一、专业实训建设与改革

计算机专业应用创新型人才培养要求学生具有较强的编程能力和数据库应用能力，初步具有大中型软件系统的设计和开发能力，具有较强的学习掌握和适应新的软件开发工具的能力以及较强的组网、网络编程、设计与开发、维护与管理能力。

（一）实验室建设

以广西科技大学为例，其建立了多个计算机的专业研究所以及各级实验室，包括模式识别与智能系统实验室、智能信息处理大学生科技实践与创新工作室、智能信息处理实验室、科学计算与智能信息处理实验室等。该校还与兄弟院系联合成立现代物流与电子商务研究所，共同拥有北部湾环境演变与资源利用实验室（省部共建重点建设实验室）和地表过程与智能模拟重点实验室。这些都为学生开展课程实践创新创业活动提供了坚实的硬件环境基础。

（二）构建实践教学体系并制定标准

广西科技大学通过分析应用型本科计算机专业实践教学体系及其实施过程中存在的不足，提出了构建培养应用创新型人才的“基本操作”“硬件应用”“算法分析与程序设计”“系统综合开发”四种专业能力的实践教学体系，并给出了具体途径方法及实施效果，使学生在理论课程学习的基础上，有方向地掌握了实践知识和开拓创新思维，使其所学的知识与未来的就业联系密切，从而使学生学习更有动力。

（三）实践教学师资建设

重视实践教学师资建设，加强教学经验与资源的总结、研究与推广，实现科研与教学的融合，采取引进与培养相结合的方式，不断优化教师队伍结构，全面提高教师队伍的整体水平。例如，积极引进急需的专业人才，同时加快现有师资力量的培养提高，加大“双师型”师资队伍建设的力度，通过选派教师参加企业实践、参加技师培训和考核、参与重大项目开发合作、赴国内外知名大学进修等手段，提高教师的专业理论和技术水平。目前，本专业绝大多数教师具有硕士研究生以上学历，具备从事软件项目的应用开发能力和较强的工程应用能力，同时多人具有在知名软件企业的工作经历，已基本形成既能从事“产学研”开发工作，又具有较高学术水平和发展潜力的教师队伍。

（四）开设专业课程设计教学

专业实践类课程包括与单一课程对应的课程实验、课程设计，与课程群对应的综合设计、系统开发实训等。每一门有实践性要求的专业课程都设有课程实验，根据实践性要求的高低不同开设对应的课程设计，课程设计为 1 ～ 2 个学分。每一个课程群的教学结束后会有对应的综合设计、系统开发实训课，以培养学生的综合开发和创新设计能力。

（五）进行多样化教学模式探索

多样化教学模式探讨，把适合实践课程教学的教学理论方法，如任务驱动式、多元智力理论、分层主题教学模式、“鱼形”教学模式等综合应用到网页制作、数据库设计、程序设计、算法设计、网站系统开发等课程中，利用现代通信工具、互联网技术、学校评教系统，以及课堂、课间师生互动获取教学效果反馈，根据反馈结果及时调整教学方式和课程安排，以有效解决学生在理论与实践结合过程中遇到的问题，在解决问题的过程中逐步提高学生的应用创新能力。

（六）开展学生创新创业项目

对学生进行专门的创新创业启蒙教育（约 5 个学时），引导学生增强创新创业意识，形成创新创业思维，确立创新创业精神，培养其未来从事创业实践活动所必备的意识，增强其自信心，鼓励学生勇于克服困难、敢于超越自我。

鼓励学生申报校级、区级、国家级创新创业项目，安排专业知识渊博、实践经验丰富、特别是有企业工作经验和科研项目研究经验丰富的教授、博士、硕导作为项目指导教师，对学生的项目完成过程进行全程指引，以促进培养学生的实践应用创新能力。

（七）组织学生参加各类竞赛

积极组织学生参加各种专业技能大赛，并组织教师团队对参赛的学生进行专业知识和技能培训。通过参加竞赛充分培养学生的创新思维能力，检验学生对本专业知识、实际问题的建模分析，以及数据结构及算法的实际设计能力和编码技能；鼓励学生跨专业、跨系、跨学院多学科综合组建团队，通过赛前的积极备战，锻炼学生刻苦钻研的品质，培育团队协作的精神，增强学生的动手能力和工程训练，提高学生的创新能力和分析问题、解决问题的能力。

（八）创建“四位一体”实践模式

在“以生为本，学用并举”的实践教学理念指导下，构建课程实验、“两个一”工程、学科竞赛、校外实践基地等“四位一体”实践教学新模式，创建基本操作训练、编程训练、设计训练、综合开发训练的“四训练、五能力”课程实验模式，改革实验教学内容和方法，创建“开发一个软件系统、组建一个网站”的“两个一”工程校内实践模式。

积极开展实验实习实训活动，特别大力开展特色实践教学建设，由“实践基地＋项目驱动＋专业竞赛”共同构建实践平台，实现“职业基础力＋学习力＋研究力＋实践力＋创新力”的人才培养。

二、实习改革与实践

大学实习可以说是学生大学生涯的最后一个学习阶段，在这个阶段，学生学习如何把大学几年所学的专业知识真正应用到职业工作中，以验证自己的职业抉择，了解目标工作内容，学习工作及企业标准，找到自身职业的差距。实习的成功将会是大学生成功就业的前提和基础。为了让学生能尽快适应实习工作，针对应用创新型人才培养的要求，可以围绕实习工作进行以下改革和实践。

（一）实践基地建设

积极与行业企业基地联系，开拓实践教学基地和毕业实习基地，积极与企业探讨学生的实习内容与实习形式，给学生创造更多的实践与技能训练的时间和空间，培养学生的实践能力和操作技能，提高学生的管理和实践能力。

根据国内 IT 企业对计算机应用创新型人才的不同需要以及软件企业岗位设置与人员配置的情况，分析本校计算机专业实践基地建设与学生专业应用创新能力现状，提出“教研结合，分类培养，胜任一岗，一专多能”的实践基地建设思路，建立与完善了软件开发、通信与网络技术、软硬件销售等多种类型的计算机专业实践基地。同时通过实践基地的建设，提高了学生的项目管理、需求分析、数据库设计、软件设计、软件测试、网络技术、硬件安装测试与销售等专业应用能力，更好地实现了本专业分类培养应用创新型人才的培养目标。

（二）建立多方面共同考核的实习评价机制

提高地方高等院校计算机科学与技术专业应用创新型人才培养质量的重点是加强学生实践能力和创新能力培养。在“以生为本，学用并举”的实践教学理念指导下，创建以科研项目形式推进和管理的学科竞赛创新实践模式，建构双师指导，分类培养，建立“两个一”工程导师制，建立学校、软件开发公司、通信网络公司、软硬件销售公司、中等职业学校、IT 企业等实践基地，建立学校、竞赛、公司企业实践基地等共同考核学生专业应用能力的评价机制。

三、毕业论文改革与实践

近年来，由于社会浮躁心态、毕业生的就业压力、学校教师资源等因素的影响，本科毕业论文总体质量呈下滑态势。为提升毕业论文质量，广西科技大学在本科毕业论文质量提升体系方面进行了改革实践与探索，取得了良好的效果，具体措施如下。

（一）工作组织

成立本科毕业论文工作指导小组，由教学副院长以及系主任、3 ～ 5 名骨干教师组成，统筹安排毕业论文相关工作，包括选题、开题、中期检查、答辩等。其具体职责是：制订毕业论文工作计划；监管选题和审题工作；审批指导教师及答辩委员会人选；检查工作计划执行情况，并进行最终的毕业论文工作总结。

（二）选题工作

选题工作的实践原则：合理选题，调动学生积极性；提前选题，实现长时间培养。论文选题工作一般在第七学期期末进行，一般是学院教师定题、学生被动选题的固定模式，学生在选题过程中的自主性较低，忽视了其兴趣及特长对毕业论文质量的影响。部分题目重复现象较多，缺乏创新性。此外，一些题目过大过空，脱离本科阶段培养目标，严重与就业脱轨等。所以论文选题应结合生产实际，符合专业培养目标，体现科学性、实践性、创新性。为保证选题质量，要求每人一题，且三年内题目不得重复。学生在企业、单位实践实习期间深入调研，可主动提出毕业论文建议题目，经与导师论证后正式立题。

（三）指导教师

①探索开展本科生导师制，帮助学生系统规划大学的学习与生活，提高学生的自我学习能力、实践能力和科研能力，提高学生的个人综合素质，直至负责学生毕业为止。

②探索开展双导师制，即本科毕业论文指导工作由所在高校和相关企业共同完成，包括企业导师和学校导师。为保证指导质量，每名指导教师指导学生原则上不超过 3 名。

③毕业论文协同指导与交流。协同指导，是指以小组为单位，指导模式由传统的学生与指导教师间的多对一关系转变为多对多关系，即教师间相互合作，协同指导。

（四）过程管理

在传统培养模式下，学生毕业论文全部在学校完成。

①探索开发新的培养模式，可以将毕业论文执行过程分为主体框架搭建阶段和后期完善阶段。其中主体框架搭建阶段为第 8 学期 1 ～ 10 周，主要在合作企业完成；后期完善阶段为第 8 学期 11 ～ 15 周，主要在学校完成。

②分段实施。借助于教学科研平台，实施大学生创新实验项目，实施优秀学生提前进入实验室计划。对学习成绩优秀、专业思想牢固、热衷于创新和科学研究的同学，通过选拔，提前进入实验室，将毕业论文工作前移。

③环节控制。建立和完善论文质量监控程序，在毕业论文写作的各个环节都要建立不同的质量监控措施。

（五）答辩与成绩评定

1. 传统模式

学生在完成毕业论文后，应向所在学院提出答辩申请，学院审核后提前公布具有答辩资格的学生名单及具体的答辩时间，安排进度表。如果毕业论文评阅不合格，或本科学习阶段有严重违纪行为，不能获得答辩资格。答辩过程可以包括成果陈述和答辩提问两个环节，每个环节持续时间一般为 10 ～ 15 分钟。答辩小组依据学生论文质量与答辩临场发挥情况，评定答辩成绩。

2. 探索评定新模式

①与创新性专业竞赛挂钩。鼓励学生将毕业设计与参加创新性专业竞赛结合，通过参加比赛，既能促使学生灵活、有效地运用所学的专业知识，又能激发学生对专业领域问题的研究兴趣，从而产生创新性知识。毕业论文成绩与竞赛成绩进行挂钩，既有效地提高了毕业设计的创新性和实用性，又极大地提升了学生的动手能力。

②与在学术期刊发表挂钩。鼓励学生将毕业论文进行提炼，向学术期刊投稿。若论文能在学术期刊发表，既可以充分反映毕业生对专业知识的理解和运用能力，同时因为学术期刊的严格审稿制度，理所当然地可以认定为一篇好论文。据此，由毕业论文工作指导小组从学术道德规范、期刊等级等角度，对应评价论文为“优”或“良”。

③与申请软件著作权挂钩。鼓励学生将毕业论文设计中的代码部分进行整理规范，申请构件著作权，若申请成功，则由毕业论文工作指导小组从代码质量和工作量以及潜在的应用价值角度，对应评价论文为“优”或“良”。

第三节　教学管理改革

一、教学制度

（一）校级教学管理

一套成熟的教学制度应具备一个完整、有序的教学运行管理模式，如建设质量监控队伍，建立教学管理制度、教学工作的沟通及信息反馈渠道等。学校教务处应负责全校教学、学生学籍、教务、实习实训等日常管理工作，同时设有教学指导委员会、学位评定委员会、本科教学督导组等，对各系的教学工作进行全面监督、检查和指导。

学校教务管理系统还应实现学生网上选课、课表安排及成绩管理等功能，另外教学管理工作在学校信息化建设的支持下，还能进行如学籍管理、教学任务下达和核准、排课、课程注册、学生选课、提交教材、课堂教学质量评价等工作。网络化的平台不仅可以保障学分制改革的顺利进行，还能提高工作效率，同时，也能为教师和学生提供交流的平台，有力地配合教学工作的开展。

学校应制订学分制、学籍、学位、选课、学生奖贷、考试、实验、实习及学生管理等制度和规范，并严格执行。在学生管理方面，对学生德、智、体综合考评，大学生体育合格标准，导师、辅导员工作，学生违纪处分，学生考勤，学生宿舍管理及学生自费出国留学等都做了规定。

（二）系级教学管理

计算机工程系自成立以来，由系主任、主管教学的副主任、教学秘书和教务秘书等负责全系的教学管理工作。主要负责制订和实施本系教育发展建设规划，组织教育教学改革研究与实践，修订专业培养方案，制订本系教学工作管理规章制度，建立教学质量保障体系，进行课堂内外各个环节的教学检查，监督协调各教研室教学工作的实施等。系里负责教学计划与任课教师的管理、日常及期中教学检查、学生成绩及学籍处理以及教学文件的保存等。

（三）教研室教学管理

系下设多个教研室，负责专业教学管理，修订教学计划，落实分配教学任务，管理专业教学文件，组织教学研究活动与教育教学改革、课程建设、编写修订课程教学大纲、实验大纲，协助开展教学检查，负责教师业务考核及青年教师培养等。

二、过程控制与反馈

计算机学院设有本科教学指导委员会（由学院党政负责人、各专业系负责人等组成），负责制订专业教学规范、教学管理规章制度、政策措施等。学校和学院建立有本科教学质量保障体系，学校聘请具有丰富教学经验的离退休老教师组成本科教学督导组，负责全校本科教学质量监督和教学情况检查等。通过每学期教学检查、毕业设计题目审查、中期检查、抽样答辩、教学质量和教学效果抽查、学生评价等环节，客观地对本科教育工作质量进行有效的监督和控制。

（一）教学管理规章制度健全

学校以国家和教育部相关法律、法规为依据，针对教师培训制度、教学管理制度、教学质量检查与评价制度、学生学籍管理制度以及学位评定制度等制订了一系列文件，并针对教学管理中出现的新情况、新问题，对教学管理相关文件做及时修订、完善和补充。在学校现有规章制度的基础上，根据实际情况和工作需要，计算机学院又配套制订了一系列强化管理措施，如《计算机工程系教学管理工作人员岗位职责》《计算机工程系专任教师岗位职责》《计算机工程系实训中心管理人员岗位职责》《计算机工程系课堂考勤制度》《计算机工程系应用本科实习实训工作管理制度》《计算机工程系毕业设计（论文）工作细则》《计算机工程系教学奖评选方法》《计算机工程系课程建设负责人制度》等。

（二）严格执行各项规章制度

学校形成了由院长→分管教学副院长→职能处室（教务处、学生处等）→系部分级管理组织机构，实行校系多级管理和督导，教师、系部、学校三级保障的机制，健全的组织机构为严格执行各项规章制度提供了保证。

学校还采取全面课程普查，组织校领导、督导组专家听课，每学期第一周（校领导带队检查）、中期（教务处检查）、期末教学工作年度考核等措施，保证规章制度的执行。

第四节　师资队伍建设

一、高校计算机师资队伍存在的主要问题

（一）专业教师数量少、知识层次较低

受我国的高校计算机类专业教育发展缓慢与社会产业发展迅速的矛盾影响，同时也因在地理位置、薪资和待遇、工作条件和发展空间等方面缺乏足够的吸引力，后发展地区的普通高校引进高学历、高职称和高业务水平的计算机类专业教师很不容易。此外，由于高校规模扩张大，政府投入教育经费有限，以及教学任务繁重等原因，专业教师获得再深造的机会较少，这在知识爆炸的知识经济时代和信息技术不断推陈出新的今天，可以说是一个很危险的境况。因此，这类高校的 IT 类专业教师的学历和知识层次相对较低，生师比较高。教师数量不足和质量不高已成为制约后发展地区高校教育教学工作正常开展和提高质量的重要因素之一。

（二）专业教师缺乏工程经验

普通院校招聘到的计算机类专业教师绝大部分是直接从高校毕业，没有进入社会和企业接受过锻炼的“从学校到学校、从未到过工业一线的毕业生”。由于教育经费有限、教学任务繁重等原因，教师极少获得专业培训、实际项目训练和企业锻炼的机会。因此，大部分教师没有实际项目研发的经验。计算机软件方向的专业作为工科类专业，其专业理论与实践紧密结合，很多理论需要在实践中才好领悟、才能升华。因此，没有实际的项目开发经验的积累难以做好实践教学工作，而脱离实践的理论教学往往又是抽象和枯燥的，学生不易理解和吸收。

二、高校计算机师资队伍结构

以广西科技大学为例，计算机学院（计算机工程系）现有稳定的计算机及软件方面教师队伍 60 多人（其中专职教师 38 人），加上来自软件企业的外聘兼职教师 10 多人，拥有了一支比较雄厚的师资队伍。专职教师队伍的学源结构合理，专业结构具有复合性，拥有两个专业背景的教师比例在 30% 左右。教师当中拥有正高级职称的有 8 人，副高级职称 12 人，讲师 17 人。拥有博士学位的 5 人（在读博士 10 人），硕士学位的 30 多人，见表 4-1。

表 4-1 师资队伍结构

类别	正高级	副高级	中级	其他	博士	硕士	学士	其他	总人数
人数	8	12	17	1	5	32	0	1	38
占总人数比例/%	21.0	31.6	44.7	2.6	13.2	84.2	0	2.63	

三、高校计算机师资队伍建设工作

（一）学校层面的师资建设

学校应规划出台并修订一系列人才选拔、人才管理和考核的规章制度和措施，旨在大力引进人才，特别是高层次人才，大力培育和激励校内人才，以优化师资队伍结构激发广大教职工的工作积极性、主动性和创造性，提高学校师资队伍的整体水平。“栽好梧桐树，引来金凤凰”，通过全面推进人才队伍建设，使得学校锐意进取、积极开拓，既要“情感”留人、“待遇”留人，更要“政策”留人、“环境”留人，启动教学名师、学科带头人、重点学术骨干、重点学术团队等选拔工作，打造高端人才队伍的建设……以达到“引得进、留得住、用得好”。此外，学校还应着力解决教职工关心的待遇和福利问题。通过提高教职工的福利待遇、加快危旧房改造和住房改造及建设工作等，以及建立竞争激励机制，充分调动广大教职工的积极性、主动性和创造性，增强学校的凝聚力，创造良好的引才育才环境，为人才队伍建设提供“物资”支撑，不断提高学校的教学质量、学术水平和办学效益。

（二）IT专业教学团队建设

1. 营造良好工作环境

应积极组织专业教师团队坚持统一认识、统一步调，确保整个团队始终围绕既定目标，不偏离方向，通过明确发展目标增强团队成员对自身团队角色和团队整体的认可度，调动团队每一位成员的积极性，激发团队成员的创造欲望。一个良好的团队，不仅为教师创造了和谐、民主、团结、有凝聚力的小环境，更为年轻教师创造了良好的学术发展大环境，建立了学术骨干梯队和课程教学分团队。

一个IT专业教学团队如果形成了分工明确又相互协作的团队风格，大家互相关心、互相帮助、讲奉献、不求索取，遇到困难勇于承担责任而不互相推诿，这样既能优势互补，又能提高工作效率。

另外，为了调动教师的积极性和开发教师的创造欲望，教学团队还应实施教学团队内部绩效分配制度，多劳多得，优劳优酬。将绩效工资与岗位职责、工作业绩、贡献大小挂钩，重点向关键岗位、高层次人才、业务骨干和做出突出成绩的教师倾斜，提高团队的工作效能。

2. 注重内涵建设

由于信息科学领域发展迅猛，各种新理论、新技术不断涌现，并快速应用到社会生活和相关生产领域中，技术更新换代较快，这给IT专业教学团队带来了一种压力，当然这也成为团队不断学习、不断创新、不断进取的强大动力。因此，加强内涵建设、积极开展教学研究与改革，不断创新、探索新的教学方法和教学模式已成为团队建设的指导思想，使团队在探索中成长在创新中进步。IT专业教学团队要求中青年教师要了解专业现状和发展动态，能够追踪专业前沿，及时更新教学内容，深化教学改革，鼓励中青年教师积极申报教育教学研究课题（包括校级青年科研骨干教师能力提升项目、青年教师基金项目等），指导其在课题研究中快速成长，并大力营造和谐氛围、建立健全机制、增强团队凝聚力。以项目为纽带，健全项目贡献激励机制，通过各种教研教改立项（例如，教育科学规划课题、教改基地精品课程、重点课程、精品专业、重点专业、特色专业、重点实验室、示范中心、教学团队、规划教材、新课程、双语教学、实验研究等）进行团队合作，展开各项活动。

3. 不断提高专业教师的教学能力

一是实行相互听课制度。学院通过组织试讲、观摩、资源共享和经验交流等方式，培养青年教师的教学能力。学科带头人和教学负责人定期听课；团队成员之间经常不定期地相互听课；新入团队的教师必须听1～2轮理论课。所有听课教师在听课后开诚布公地对任课教师在教学中存在的问题进行交流，提出个人的修正建议。团队内部气氛融洽，成员均能坦诚相待，对教学建议从善如流。

二是教学研讨和集体备课制度化。坚持集体教研，针对课程教学中的典型问题，组织教师开展教学研究，共同学习、研讨并实施教学改革，经常组织开展评教、集体备课或教学研讨活动。多年来，团队成员之间形成了对教学问题、科研问题探讨、切磋的习惯，在探讨的过程中取长补短，尽量做到大家都提出自己的想法，围绕某一问题进行深入探讨，以达到共同学习、共同提高的目的。

4. 坚持推进优师建设

坚持推进优师建设，加强教学、科研经验与资源的总结、研究与推广实现科研与教学的融合，采取引进与培养相结合的方式，不断优化教师队伍结构，全面提高教师队伍的整体水平。同时要考虑教师队伍的稳定与发展，使教师队伍的年龄结构、职称结构、学历结构趋于平衡，逐步形成以中青年教师、研究生以上学历教师、高中级职称教师为主体，既能从事产学研开发工作，又具有较高学术水平和发展潜力的教师队伍。具体主要措施如下。

一是建立和完善人才引进制度，大力引进高层次人才。制定高层次人才培养和引进方案、有企业背景的双师型人才培养和引进方案，制定人才补充培养、评价、激励的机制和制度，同时注重对人才的目标考核、绩效考核和过程考核，使师资队伍建设走上制度化、规范化、科学化轨道。在这些制度的支撑下，学校加大人才队伍建设，面向海内外引进高层次人才，为高层次人才提供良好的科研环境，充实软件工程学科教学与科研力量。

二是加强对外交流，提高中青年教师的教学与科研水平。有计划地安排教师外出进修、学习，提高学历层次；选派骨干和青年教师到国内外著名学校及大型企业进行学术访问交流；根据课程改革需要，安排教师参加专项研讨会；大力支持学科团队参加国内外学术交流活动，提高和促进教师教学与科研水平。

三是完善科研项目配套制度和科研成果奖励制度，加大投入，支持专业教师申报各类高层次研究项目和高等级科学技术奖，改善学科建设平台，实现学科内涵式发展。

四是出台相关政策，支持团队进行“政产学研用”合作研究，提高教师服务经济社会的能力。

三、教师发展

以全面提高教师队伍素质为核心，按照“充实数量、优化结构、提高质量、造就名师”的思路，采取培养、引进、稳定、整合相结合的方式，建立促进教师资源合理配置和优秀人才脱颖而出的有效机制，努力打造一支师德高尚、结构合理、教学效果好、科研水平高的教学队伍。具体措施如下。

①通过引进高层次人才，带动专业发展，促进教师科研和教学能力的提高，完善教学队伍的建设，特别要注意引进和聘请具有学科（专业）拓展能力、具有较强的教学科研能力的拔尖人才。

②加强师德师风的建设，营造良好的教学环境，促进学生品德与专业的同步发展。

③加大教师培训工作的力度，全面提高教师队伍的业务水平和业务能力，鼓励教师攻读学位和外出进修，加强科研课题和教学课题的申报工作。

④聘请国内外知名高校和企业的专家学者担任兼职教授或实践导师，增强对外交流，加强校外基地的建设工作。

⑤切实加强专业带头人及人才梯队的建设。专业是高等学校的基本要素，必须以专业为中心来构建师资队伍。实施“名师工程”，培养一批在同类学校中专业成就突出，具有一定声望的教师。

⑥建立教师互助计划，让经验丰富的教师与年轻教师结对子，通过言传身教提高青年教师的教学水平和科研能力。

⑦与企业建立合作关系，外派年轻教师赴企业挂职学习和锻炼，参与企业的项目运作、研究和开发工作，为培养“双师型”师资队伍打好基础。

第五章　计算机专业核心课程教学改革

从目前国内外各高校的计算机专业本科教学指导来看，数据结构依然是门专业核心课程，多年的教学实践表明，传统的教学模式和教学手段往往不能激发学生对这门理论性强的课程的学习兴趣，易产生倦怠和惰性，学习成效很低，无法达到教学目标的要求。教学改革势在必行。本章分为高级语言程序设计课程教学改革实践、软件工程课程教学改革实践、面向对象程序设计课程改革实践、数据结构课程教学改革实践、数据库原理与应用核心课程教学改革实践、基于教学资源库的课程综合设计改革实践六部分。主要内容包括C语言课程教学内容的调整、软件工程课程教学的改革实践、面向对象程序设计课程改革的实践等内容。

第一节　高级语言程序设计课程教学改革实践

一、C语言课程教学内容的调整

现有的C语言程序课程的教材，大都存在以下明显的特点：重视语法结构的讲解，所给出的案例大多是科学计算的编程问题，例题之间缺少意义或知识结构上的关联。我们发现，如果仅按教材的内容按部就班进行讲解，会导致学生在学习中只能被动地接受一个个孤立或者断裂的知识点，难以形成比较系统的知识架构，无法激发学生的学习兴趣。为此，我们整理了大量C语言程序设计的编程实例，将这些例题按三个层次在教学过程中逐步呈现给学生，以提高课堂教学质量。这三个教学层次为：基础学习，掌握语法结构；拓展案例，明确学习目的；项目驱动，激发学习兴趣。

（一）打好基础，掌握语法结构

掌握语法结构是编写程序的基础，没有正确的语法，程序不可能通过编译，也不可能检验任何编程思想。因此，掌握正确的程序设计语言的语法结构，是学生建立编程思想、解决实际问题的基础。

帮助学生打好语法基础，现有教材里关于语法知识的例题都能很好地说明问题。我们仅以程序设计的三种结构简单举例说明。

顺序结构：求三角形的面积问题等。

分支结构：求分段函数问题等。

循环结构的 *n* 个数相加问题：求 *n*！问题等。

循环结构和分支结构嵌套：找水仙花数、找素数问题等。

这些例子因为求解思路明确，特别方便用于解释程序结构，因此是现有教材中的经典例题。但这些例子过于严肃和单调，与当代计算机便利有趣的形象相去甚远，学生不禁会问；我们学这些程序设计的语法到底有什么用。

（二）拓展案例，解决实际问题

为回答上述学生的问题，我们在学生掌握了教材内容相应的知识点后，从教学案例资源库中选取一些解决生活中有趣的实际问题的案例，让学生思考练习，并进行一定的讲解。一方面提高学生的学习兴趣，另一方面，在讲解的过程中，也有意识地渗透当前计算机领域的科技前沿，培养学生的大数据思维。

（三）项目案例，激发学习兴趣

C 语言程序设计课程要求学生在修完课程内容后，完成相应的课程综合实训练习，即完成一个小项目系统。为此，我们设计了一个简单的项目系统——个人财务管理系统，贯穿整个程序设计的教学过程当中，一方面激发学生的学习兴趣，另一方面也帮助学生对课程综合实训练习做一些心理和知识的准备。

教学案例的整理，使得在 C 语言程序设计课程中开展分层教学具有很高的可操作性，使得教师能够依据具体的案例，贯彻“从程序中来、到程序中去”的教学指导思想，逐步提高学生的编程能力。

二、探索高效的课堂教学方法

课堂教学是向学生传授知识的重要环节，提高课堂教学质量，对帮助学生掌握学科知识、提高能力尤其重要。在探索高级程序设计语言的教学方式方法上，广西师范学院学科教研组的教师们在教学过程中不但积极将案例法、项目驱动法等新的教学方法引入课堂教学中，还认真学习各种新的教学理论，并将其融入程序设计的课堂教学中，如将支架理论、有效教育理念、双语教学思想引入课堂教学，形成自己的教学特色。

（一）利用支架理论

支架式教学是建构主义的教学模式下已开发出的比较成熟的教学方法之一。美国著名的心理学家和教育学家布鲁纳认为，在教育活动中，学生可以凭借由父母、教师、同伴以及他人提供的辅助物完成原本自己无法独立完成的任务。这些由社会、学校和家庭提供给学生用来促进学生心理发展的各种辅助物，就被称为支架。

苏联著名心理学家维果斯基的“最近发展区”理论，为教师如何以助学者的身份参与学习提供了指导，也对“学习支架”做出了意义明晰的说明。维果斯基将存在于学生已知与未知、能够胜任和不能胜任之间，学生需要“支架”才能够完成任务的区域称为“最近发展区”。教师在教学活动中，要创造“最近发展区”，向学生提供“学习支架”，帮助学生顺利穿越“最近发展区”，并获得更进一步的发展。另外，教学还必须保持在“发展区”内，教师应该根据学生实际的需要和能力，不断地调整和干预“学习支架”，利用“支架”培养学生的探究能力，并最终解决问题。

在高级程序设计语言教学中，学生在理解与内存“绑定”有关的概念内容时存在很大的困难，如变量名和变量名对应的值、变量的存储类型、变量的生命周期和可视域，函数的定义和调用、函数的参数传递等，是非常抽象且难以理解的。而这些概念又往往是跟踪调试程序、理解程序运行机制的关键所在。因此在学习 C 语言程序设计过程中，概念意义的不清已经成为学生掌握知识的主要障碍。

学生之所以对上述概念感到困惑与不理解，是因为学生对于 C 语言中的变量或函数在运行时必须与内存地址空间进行“绑定”没有起码的概念。而现行的 C 语言教学模式强调的是对语言的语法规范的掌握和程序的编写，几乎不涉及高级语言程序是如何实现的。

高级语言的实现方法属于编译原理与编译方法课程的研究范畴。而“编译原理”是“高级语言程序设计”课程的后继课程。在“编译原理”关于目标程序运行时的存储组织课程内容中，很清楚地说明了程序运行时栈式存储的典型划分。

在实际教学中，我们不可能给学生详细解释编译的原理，但在讲解 C 语言中与程序存储分配有关的概念时，如变量的生命周期和可视性，以及函数参数传递方式，教师可以上述知识作为“支架”，引导学生观察和理解变量在程序运行期间的存储位置和活动过程，合理设计教学过程，帮助学生顺利完成这些较难理解的概念的学习。

同样，在高级程序设计语言中，函数的参数传递有两种方式：值传递和地址传递。学生在理解不同参数传递方式下程序的运行结果时，存在很大的困难。教师可以借助于编译原理课程中，编译系统将根据各个函数的调用顺序，为函数活动记录分配相应的存储区，函数活动记录包括函数参数个数、函数临时变量等内容，在教学设计时作为知识“支架”，帮助学生直观地理解两种参数传递方式的不同。

学科教学团队在探索高质量教学的实践中，通过将支架理论引入 C 语言的概念教学中，利用编译原理中有关程序运行时存储分配的知识作为“支架”，帮助学生掌握“变量的生命周期和可视性”“函数参数传递方式”等难以理解的重要知识，有效地突破了教学难点，提高了课堂教学质量。

（二）开展有效教育

有效教育（Effective Education in Participatory Organizations，EEPO）理念由云南师范大学孟照彬教授所创建，近年来在教育领域引起广泛的关注。其理论与操作体系力求从中国基础教育和绝大多数学校的实际出发，探索学校提高教育质量、加强素质教育的新途径和新方法，并使之在学校师生双边教育活动中更加“有效”。

EEPO 包括思想、理论、方法三大体系，涵盖教学学习、评价、备课、管理、考试、课程、教材等多个方面，包括要素组合课、平台互动课、哲学方式课、三元课等十大主流课型，操作性、实用性强，容易被教师接受，同时，EEPO 与以往以知识为前提的教育不同。它是以思维为前提的教育，注重学生个性张扬和创造精神的培养，顾明远教授曾称 EEPO 是教育方式的一场变革。

2013 年，孟照彬教授亲临广西师范学院，对有关教师进行了两次有效教育的培训。学科教研组教师在培训后以有效教育理论为指导，用要素组合的方式组织课堂教学，对 C 语言程序设计的课堂教学进行了有意义的探索。

1. 学的方式的训练

学习方式是组织学生在学习活动和社会活动中经常使用的系列方法的总称。在 EEPO 学习方式操作系统中，学的方式方法有 12 组，其中具备基础性特征的学的基本方式主要有三组：五项基础、五个速度、五种排序。五项基础的范畴是单元组，约定、表达、呈现、板卡、团队。要走出讲授灌输式的怪圈，基本前提是对五项基础进行严格而又巧妙的训练。五项基础是后续教学活动能顺利进行的前提，如果五项基础训练不到位，那么可能会出现课堂上混乱、教师把控不了课堂的情况。

在进行有效教育课堂教学方式的探索过程中，我们采用学科导向性团队的训练方式，在每次课前 10 分钟进行特定的学习方式训练，训练内容包括小组组建、约定与规则、动静转换、一般性激励、学习的表达呈现、团队合作等。经过几次课的训练，学生较快地形成了本学科的学习方式。

（1）单元组训练

单元组根据人数的不同又可以分为小组、大组、超大组随机分组、特别行动组、编码系列组、原理形态组等。笔者根据班级人数及教学内容，重点训练了 2 ～ 4 人、4 ～ 6 人规模的小组随机分组的组建练习。

（2）约定与规则

约定是师生、生生之间事先确定的用某些口头语言或肢体语言来表达的某种信息。考虑到大学生已经是成年人，我们采用最简单的“OK”手势表示明白、准备好、完成等信息；用手掌向前表示不明白、没准备好等信息；用快速三拍掌表示小组活动时间结束，迅速回位安静等待教师进行后续教学活动。经过训练，师生间、生生间已经配合默契。

（3）合作学习训练

合作是需要技术的，很多同学不会合作，因此，教师应重点训练他们的关注、关照、倾听、资源利用、亲和力等方面，在每次小组合作学习之后都会让学生对各成员在小组任务完成过程中的表现进行组员评价、自我评价。通过几次合作学习训练，同学们基本掌握了团队合作必备的基本技能。

2. 教的方式的训练

在 EEPO 课程方式操作系统中，教的方式共有 12 种，其中具备基础性特征的教的基本方式主要有三种：要素组合方式、平台互动方式、三元方式。我们在教学中主要采用要素组合方式，下面以专业教师在“选择结构”这一章节的课堂教学为例进行说明。

选择结构中的if语句看似简单，但如果同学们不能理解其内涵的话，很容易与其后的循环语句混淆。因此在设计教学内容的时候，对于每个知识点（关键项）都采用多种手段、多要素结合的方式进行教学。例如，第一部分用案例导入，让学生经过自己独立思考、小组讨论、模仿案例编程三种手段通过把看、听、想、说、做几种要素结合，来强化学生对if语句第一种形式的认识。第一种形式是根本，学生掌握了第一种形式，后面两种形式就很容易理解。学生的动静转换时间基本是8～10分钟，既恢复了学生的体力，也保证了学生集中注意力，让学生全神贯注地投入学习，大大提高了学生的学习积极性和有效性。

三、C程序设计课程考核方式改革探索

以往的程序设计课程考核大多采用笔试的方式，这使得程序设计课程由一门以培养编程技能的课程，变成了考核学生死记硬背课本知识点的理论课程，这大大违背了提高学生计算思维能力、利用程序设计解决实际问题的教学目的。为改变这种学生靠考前突击背知识点，背题目也能考出高分的不当现象，我们进行了程序设计课程考核方式的改革。新的考核方式依托教学资源库中的在线评测系统，对学生的实际编程能力进行考核。

具体为课程考核课成绩分为两个部分：50%为平时成绩，50%为期末考试成绩。平时成绩的评价要求学生上评测系统完成相当数量的程序设计题目，若没有完成指定数量的题目，则取消本学期学生参加期末考试的资格，学生只能申请下个学期参加期末考试。若学生完成指定数量的题目，则根据学生完成题目的质量，给学生适当的评分。期末正式考试也在评测系统上进行，教师通过评测系统了解学生实际编程能力，以此为依据设计不同难度的考题，并设定好考试时间组织学生在机房考场登录评测系统，在规定的时间内完成考题。

进行考核方式改革后，同学们普遍反映学习的压力大了，动力也大了。很多同学逐渐改掉了一回宿舍就玩游戏的毛病，变为抓紧时间上系统做题，并形成了在宿舍跟志同道合的同学共同讨论解题思路，共同学习、共同进步的良好学风。同学们的实际编程能力和学习效果在实践中也得到了明显的提高。

第二节　软件工程课程教学改革实践

一、软件工程课程教学改革的背景

软件工程课程是计算机类专业的一门重要专业课程，在学科教学中有着重要的地位。同时，由于其理论性与实践性较强，因此一直以来都是计算机专业学科教学的难点。对于软件开发来说，软件工程是必须掌握的核心知识与技能。对于将来从事软件开发工作的学生，掌握软件工程学知识至关重要。

因此，必须加强软件工程课程的教学工作。现在的软件工程课程教学存在一些问题，比如不少教材内容比较陈旧、知识结构不完善、缺少实践环节，有的教材所教授的知识和技术落后于时代发展与应用实际的内容，有的教材则忽视了某些方面的核心知识，对相应的内容仅仅是一带而过。

在当前的时代下，软件工程技术的更新与发展越来越快，对于学科教学来说也同样如此。因此，在内容上进行及时的更新，展现软件工程的新发展，成为困扰软件工程教材建设的关键问题。软件工程在教学上的问题主要表现为太注重基础理论与知识传授，实践和实训课时少，对创新能力的培养不足。

为此，很多学校采用基于项目的教学法进行教学。但是课堂教学中的项目实践与真实的软件开发环境相比还有较大的差距，这种差距主要表现在：用户需求与软件架构都是教师预先设定好的，项目开发的流程较为固定，为了课堂教学的顺利进行，需要保证项目在可控范围内，对于用户需求来说，也不会出现不兼容或不合法的情况。此外，软件工程课程的教学内容是针对较大规模的软件项目开发而设计的，很多知识建立在实践经验基础之上，传统板书式是一种注重理论知识传授的教学方法，对于学生来说，他们大多没有参与过实际的项目开发，因此也不具备相关经验。

因此，难以把握住软件工程课程的关键，从而在课程的学习过程中产生虚无感，这会使软件工程课程的教学仅仅停留在形式的层面，进而使学习效果大打折扣。所以，探索软件工程课程改革具有重要的现实意义。

对软件工程课程教学进行改革应实现以下目标：以市场需求为改革方向，以应用型人才培养为目标，按照社会需求确定培养方向，采用适应多层次的课程体系，全面加强素质教育，调动学生学习的主动性和积极性，使学生在理论和实践两方面的能力都得到培养；可以学习借鉴国内外软件人才培养经验，对教学模式、教学方法、教学内容设置、课程设置等内容进行改革；以软件企业的实际需求为依据，以工程化为培养方向，对软件工程课程的人才培养模式进行改革，培养出具有一定竞争力的复合型、应用型软件工程技术人才。

二、软件工程课程教学的改革实践

在软件工程教学实践中，实践教学所营造的软件开发环境难以达到实际软件开发环境的程度，一直是困扰软件工程教学的难题。由于实践教学与实际环境存在较大的差异，因此使得教学难以满足软件开发尤其是较大型的软件开发的需要。在传统的软件工程课程教学中，教师以教材为教学的主要内容，以板书的形式向学生教授软件工程的相关理论知识和实践技能。这种方式对于学生解决实际问题的能力培养来说，并不能起到很好的效果。

另外，虽然在传统的软件工程教学中，也含有实践环节。但是在课时、实施条件等因素的限制下，实践课程所提供的项目往往是较为简单的，难以体现出软件工程的复杂性和内在本质。对于软件工程课程的教学来说，模拟教学法所营造出的软件工程开发环境更为接近实际，因此可以通过实施模拟教学法实现软件工程课程在教学上的改革。

以模拟教学法开展软件工程的教学，就是使学生在更为接近现实软件开发的环境中，进行相关理论与技术的学习，围绕教学内容，对软件开发环境进行模拟。软件工程的模拟教学需要借助模拟器进行，具体来说，模拟器应满足以下要求：

①能够体现软件工程的基本原理与技术；

②能够反映通用的和专用的软件过程；

③使用者能够进行信息反馈，以便让使用者做出合理的决策；

④易操作，响应速度快；

⑤允许操作者之间进行交流。

综合国内外软件工程模拟教学实际，当前软件工程课程主要使用三种模拟器实施模拟教学，这三种模拟器分别为业内或专用的模拟器、游戏形式的模拟器、支持群参与的模拟器。

（一）业内或专用的模拟器教学法

业内使用的模拟器是一种综合了当前通用或者专用软件开发过程中特定问题的模拟器，如软件开发中的成本计算、需求分析、过程改进等。由模拟器向操作者提供输入指令，操作者进行信息的输入，最终得到结果的输出。在模拟过程中，操作者可以依据中间结果，对有关参数和流程进行调整和改变。在使用业内或专用的模拟器教学法时，往往从简单的任务入手，随着教学过程的发展，模拟过程也不断深入，不断增加任务难度，从而达到对软件开发周期的全面覆盖。

（二）游戏形式的模拟器教学法

由于业内或专用模拟器随着模拟过程的深入，任务的难度会不断加大，因此，考虑到学生实际水平等方面的因素，在教学实施上有一定的难度。此外，在业内或专用模拟器教学中，虽然操作者能够实现对参数的调整，但是在交互性的效果上并不是很好，这也为学习者在使用上增加了难度。而以游戏的形式实现软件工程的模拟，对于学生来说更愿意接受，学习的积极性也更高。游戏形式的模拟器通常具备以下功能：

①以技术引导操作者完成软件开发；

②能够演示一般的和专用的软件过程技术；

③能够对操作者做出的决策进行反馈；

④操作难度小，响应速度快；

⑤具备交互功能。

（三）支持群参与的模拟器教学法

实际的软件开发通常都是由团队完成的，团队成员间的交流与合作是影响软件开发的关键因素。支持群参与的模拟器的特点就在于对团队工作环境的模拟，通过模拟器，实现群体的讨论与交互。在支持群参与的模拟器教学法下，每一个部分的参与者都能够通过模拟器实现相互间的讨论与交流。

（四）基于项目驱动的教学法

基于项目驱动的教学方法源于建构主义理论，它以项目开发为主线组织和开展教学，在教学过程中，学生居于主体地位，教师负责对学生的实践过程进行指导。任务驱动教学法在特点上始终坚持以任务为中心，实现了过程与结果的兼顾。在项目驱动法的教学中，教师负责将学生引入项目开发的情境中，通过项目开发中所遇到问题的解决，实现学生对于软件开发知识的探索和掌握。

对于项目问题的解决，也应以学生为主体，通过学生间的交流与合作完成，教师则应负责对学生提供相应的指导。实施项目驱动教学法的目的就在于将学生置于软件开发的任务之中，以任务激发学生的积极性，使学生在完成任务的过程中，建构起自身的知识结构，得到综合能力的锻炼。

这里所说的项目，不仅可以指教师在课堂上给学生布置一个大题目，也可以指直接与企业进行合作，利用企业当前正在开发的项目。在课堂上通常难以提供真实软件开发这样的环境，可以通过走出去，到基地进行实习和实训。一个实际的典型的软件项目在很多方面对于开发者来说是具有挑战性的。

首先，开发者要了解项目背景；用户需求是不断变化并且不一致的，开发者必须与用户进行深入交流；开发团队的成员对所采用的技术还不是很熟悉，可能会遇到一些没有预先估计到的技术问题。此外，技术外的因素也是需要考虑的。比如，团队中成员如何进行沟通，他们对其他成员的工作风格、习惯等是否接受，等等。

基于项目的教学，其目的有以下四个方面。

第一，让学生在一个与真实软件开发相近的环境中进行学习。使学生成为学习的主体，实现学生的自主学习。在任务的驱动下，学生为了解决任务中出现的问题、完成任务，就会主动搜寻相关信息，使学生通过主动的学习行为获得知识的积累。

第二，培养学生团队合作的意识和能力。软件工程的项目通常需要通过团队进行。在项目驱动的教学过程中，项目的完成需要以小组为单位，学生们会被分为若干小组。项目的完成就成为小组共同的利益，小组中的每一位个体都会对项目的完成情况产生影响。不同于单人完成的任务，在小组共同完成任务的过程中，小组中的成员难免会出现分歧和争论，只有通过相互之间的交流和协调达成共识，以小组的集体利益为重，通力合作，才能够顺利地完成任务。这就使得学生既获得了技术和知识的锻炼，又培养了团队意识与能力。

第三，培养学生分析和解决问题的能力。任务设计之后，学生需要对任务进行讨论，自主地分析任务，提出问题。通过讨论和分析，学生的主动性和创造性能够得到充分的发挥，使学生在主动地参与中获得在分析和解决问题上能力的提升。对于学生来说，这方面的能力不仅是软件开发所必备的能力，对于其他领域来说同样是一项重要的能力。

第四，培养学生的实践创新能力。创新的实现离不开实践。在任务驱动的软件工程教学中，各个小组所面临的任务是相同的，但是不同的小组所提出的解决方案却各有不同。这是由于不同的学生在知识背景上有所不同，对于任务不同的人也有着独到的理解。学生在完成任务时，会基于自身的理解，进行创新性的设计。任务的提出能够引发学生的创新思维，任务的实现能够将学生的创新思维转化为实践，这就使得学生的创新思维和能力得到提高。综合来说，在软件工程课程中实施基于任务驱动的教学方法，最大的优势就在于能够充分发挥学生的主动性，使学生在主动的学习和实践过程中，获得多方面素质和能力的提升。

第三节　面向对象程序设计课程改革实践

一、面向对象程序设计课程改革的背景

面向对象程序设计课程是一门理论性和操作性都很强的课程，也是高等院校计算机科学与技术、软件工程专业学生必修的一门核心专业基础课程。对该课程知识掌握如何，对于学生能否轻松学习其后续课程（如操作系统、计算机网络、软件工程、算法设计与分析等）具有重要的影响。同时，面向程序设计语言是第四代编程语言，又是目前软件开发的主流工具。因此，该课程所涉及的编程思想是一种全新的思维方式，其教学目标就是要求学生应用所学的专业知识解决实际问题，是学生从事计算机行业所必须具备的关键专业知识。该课程在计算机学科整个教学体系中占据非常重要的地位。

对于面向对象程序设计课程来说，其具有设计知识点多、语法结构抽象复杂等特点，这也使得学生学习和掌握这门课程具有一定的难度。因此应对面向对象程序设计课程的现状进行分析，找出其存在的问题，针对性地进行教学改革。具体来说，传统的面向对象程序设计课程主要存在以下几方面的问题。

（一）理论教学上的问题

教师在面向对象程序设计的课堂教学中，普遍采用理论教学加实践操作的教学方法。但是在理论教学中，教师对于知识的讲授往往存在一定的问题。大多数教师在教授理论知识时通常将其作为纯粹的理论知识，将语法规则和语法的使用作为教学的重点。实际上，这门课程的核心内容在于培养学生面向对象的思维能力，以面向对象的思维分析、描述和解决问题。教师在教学重点理解上的偏差，导致课程成为枯燥的理论教学，学生普遍缺乏兴趣和积极性，无论

是教师的教还是学生的学，都难以取得理想的效果。

（二）实践环节上的问题

面向对象程序设计的实践教学主要是通过设置专门的实验课来完成的，由教师对实验题目进行布置，学生则利用实验课上机完成实验题目。

这种实践方式存在三个方面的弊端。

1. 课程设置上的问题

理论课与实践课分开进行，导致二者间原本紧密的关系变得松散。面向对象程序设计的理论课本就十分枯燥，学生的学习兴趣不高，再加上实践课与理论课存在一定的时间间隔，学生在上机实验时，早就遗忘了理论课所学的知识。从而导致上机实验效率不高，对学生能力的训练效果有限。

2. 实验题目上的问题

实验题目往往只是一些验证性的题目，对于学生实践能力的培养来说，真正需要的是那些针对性和设计性强的题目。这种验证性的题目往往难以使学生提起兴趣，也不能够起到培养学生创新精神的目的。

3. 师资不足的问题

上机课的学生数量较多，而通常只有一名教师负责对上机的学生进行指导，学生在上机完成实验的过程中，难免会遇到一些问题，学生就需要向教师进行提问，由于教师精力有限，因此面对大量的学生提问难免力不从心，从而出现回答问题不及时、忽略某些学生的问题，这就会导致学生的信心和积极性受到打击，影响学生学习的主动性和学习效果。

（三）教学手段上的问题

由于多媒体技术在高等院校教学中的普及和快速发展，不少教师在课堂教学中都会利用多媒体技术以课件的方式进行教学。这样不仅能够使课堂教学中的信息量得到丰富，还使教师的工作负担得到减轻。但是课件教学与传统的板书教学相比也存在着一定的弊端。在对问题进行分析和解决的过程中，板书能够呈现出完整的、严密的逻辑推理过程。而课件中的内容大多是信息化的，难以对推理的思维逻辑进行完整呈现，学生在课堂教学中也难以从整体上对程序演进的过程进行把握。同时利用课件教学还会导致课堂教学节奏的加快，有时学生还没有完全消化当前的知识点，教师就已经开始下一个知识点的讲授了。

（四）教学对象分析上的问题

当前不少高等院校的学生在学习能力上还有待增强，其学习习惯较差，具体表现为自我管理能力差，缺乏学习积极性，在学习中遇到一点问题、遭遇一点挫折就会放弃学习。

进入高等院校学习后，学生更应强调自主管理生活。有的学生在进入较为宽松的学习环境后，一时难以适应，导致其对于学习和娱乐不能进行合理的分配，将学习时间用于娱乐成为不少学生的问题。他们将大量的时间投入玩游戏、看影视剧、交友等活动中，对于学习的兴趣和积极性不足，投入的时间也较少。

还有的学生在进入较为宽松的学习环境之后，就不再坚持中学时期形成的良好学习习惯了，在学习之外的事物上耗费大量的精力，平时不抓紧学习，一遇到考试就突击应付。在这种不良的学习状态下，是很难实现对专业知识的积累和专业技能的提高的。

二、面向对象程序设计课程改革的实践

（一）课堂教学内容的改革实践

首先，在课堂教学中可以采用对比的方法进行相关知识的讲授，即将面向对象的程序设计与面向过程的程序设计进行对比，通过对比加深对于面向对象的程序设计的相关理念、知识、逻辑关系等方面的理解。明确面向对象的程序设计的独特之处及其与面向过程的程序设计之间的区别，从而更好地促进面向对象程序设计课程的学习。

通过实际的程序，能够很好地向学生说明不同于面向过程程序设计的面向对象程序设计强调的是方法和属性的封装，对象的输出方法只能按类方法的定义，输出对象内部的数据。同时，程序也向学生展示了面向对象程序设计中“构造方法”的重要技术，能够帮助学生对面向对象程序设计建立正确的认识。

其次，在教材的选择上应尽量选择那些项目化的教材。传统的教材主要以理论作为教学的主要内容，不重视案例，即使有一些案例，其设置也较为分散。而项目化的教材，设计和编写了完整的项目，并以项目为主线编写课程教学内容。

对于高等院校计算机专业的教学改革来说，实施项目驱动式的教学，是教学方法改革的重要内容，对于面向对象的程序设计课程的教学改革来说，也应

实现项目驱动式的教学，选择项目化的教材也符合课程教学改革的要求，从而将课堂教学中的理论与实践教学融为一体，以任务驱动学生的自主学习，通过真实环境的模拟培养学生的综合素质。

（二）实践课程教学改革实践

结合高等院校学生实际的学习能力和学习现状，对于面向对象程序设计课程改革来说，将实验的讲授与实践相结合是一种合适高等院校学生实际的教学方式。在实验的选择上，教师讲授的实验与学生实践的实验应有所区别。教师讲授的实验应选择验证性实验，学生实践的实验则应选择项目型实验。

这种教学方法的具体实施就是教师以验证性实验为案例进行知识的讲解，通过案例讲解，学生能够更容易地理解知识，对于知识的理解也更深刻。在实践环节中，教师则选择项目型实验为案例，对其进行讲解，并要求学生完成项目型实验的实践，通过完成项目型实验实现学生知识结构的构建。

在课程设计环节中，则应设计与所讲案例相符合的项目，将学生分为若干小组，以小组为单位完成任务。在设计项目时，应考虑到项目的难度，使学生既能够完成又能够锻炼学生的能力。

（三）教学模式和教学手段的改革实践

利用课件进行教学，既有一定的积极作用，也会带来一些不利的结果。因此，教师在改革课堂教学时，不能以一种方法完全替代另一种方法，而是将多种教学方法结合在一起。

首先，对于课件教学来说，在制作课件时，对于面向对象的重要概念，可以通过可视化的方式对其进行呈现，从而将学生的注意力吸引到概念上，降低学生理解抽象概念的难度。

其次，在编程实例的讲解过程中，对于编程的分析、设计、调适都应该在课堂教学的现场中进行，使学生能够更加直观、深刻地学习编程知识和调试能力，提高学生编程和调试的实际能力。

最后，教师还应充分开发网络教学资源，以对课堂教学进行辅助。例如，教师可以录制有关教学内容的总结性的短视频，便于学生随时观看和复习相关知识点。同时教师还应鼓励学生利用互联网进行自主学习，如通过互联网查询一些有关面向对象程序设计或相关问题解决的具体事例等，形成对课堂教学内容的补充。

在面向对象程序设计的教学中，为培养学生的编程能力和解决问题的能力，还应该探索双语教学模式。对于计算机专业的学生来说，英语对专业名词的掌握、相关文献的阅读、技术能力的提升都有巨大的作用。我国大部分的高等院校学生自身英语水平不足，这使得学生在学习计算时一旦遇到英语提示信息，就会感到茫然，产生畏难情绪。

可见，关于程序设计的计算机专业英语词汇对于学生学习兴趣的培养、编程能力的提高具有重要的影响。

双语教学即在课堂教学中使用母语之外的语言进行教学，从而实现学科知识与第二语言知识的同时发展。对于面对对象程序设计课程的改革来说，双语教学是一个值得探索的方向，实施双语教学，对于面对对象程序设计课程教学来说也有一定的积极效果。

1. 双语教学的实施

首先，在教材上，由于原版英文教材内容较多，且在条理性上与中文教材存在较大差别，另外在实例的难度上也较大，对于学生的学习来说较为困难。使用英文原版教材进行双语教学，会造成有限的课时与过多的教学内容之间产生矛盾。因此，在双语教学的教材选择上仍应选用中文版教材。同时，对于教学团队，还应提出以下要求：一是对教材的内容进行总结归纳，力争更有条理性，提炼出让学生重点掌握的内容；二是对常见的编译错误提示信息、对程序设计中的重点英语名词进行收集和翻译，以便在课堂上能够随时提醒学生注意记忆。

其次，在教学措施上，面向对象程序设计是学生接触到的第一门面向对象程序设计语言，也是现代主流的程序设计语言。由于学生基础较差，难以抓住学习重点。因此，在授课过程中，要求任课教师认真地组织教学内容，突出重点，加强实例教学，通过实例讲解让学生更易于掌握所学内容。具体做法如下。

①介绍本节课的主要内容、重点难点，介绍教学内容中的主要关键词及其对应的英语单词。

②结合课本实例和编译环境的帮助文档中一些简单的实例，逐一讲解知识点。

③根据拓展例子引导学生解决实际问题，培养学生的学习兴趣。

最后，在学生的知识水平与能力差异上，大量的教学实践可以证明，学生在知识水平和能力上确实存在差异，具体到面向对象程序课程的双语教学来说，这种差异主要体现在外语与编程两方面的水平与能力上。有外语水平高的同学很快掌握了在编译环境中如何利用帮助文档寻求语法帮助，如何根据提示信息对程序错误进行查找和改正，因此这部分学生编程能力提高很快；外语水平低的学生遇到的困难较大，编程能力提高较慢。

因此，在面向对象程序设计课程的双语教学中，必须关注到学生在能力上的个体差异，在内容和进度上进行适当的安排，以兼顾不同水平的学生：

一是可以对学生的水平进行调查，找出那些水平较差的同学，对其进行针对性的教学；

二是针对不同水平的学生安排不同的练习与实践内容；

三是对水平较差的学生进行课后辅导，逐步提升他们的能力水平。

2. 双语教学的效果

从效果上来说，通过双语教学，学生们在编程环境中能够翻译提示信息和文档中的英文实例，在对学生的英语能力提升产生积极性效果的同时，还能够加深对于程序设计的国际化特征的认识。但是也应注意到，由于学生英语水平的限制，会造成学生花费大量的时间学习英语以适应英语教学，反而影响了学生在编程能力上的提升。

第四节　数据结构课程教学改革实践

一、数据结构课程综合设计要求

数据结构课程主要涉及线性表、树、图等主要数据结构的特点及其基本操作，其中线性表难度最低，与 C 语言课程的内容衔接最紧密，树和图难度较高，对学生的要求也高。根据教学内容的特点，结合学生的学习能力、水平不同，我们在设计数据结构课程综合设计题目的时候，按层次教学的思想，将题目分为基础题和培优题。其中基础题以教学资源题库中的系统类题目为主，设计的模块主要是让学生在 C 语言课程实践中完成的系统基础上，利用数据结构的知识进行完善，将两门课程的连续性充分设计到综合设计题目中，让学生更具体地体会到两门课程的侧重点。

培优题以题库中的算法题为主，所设计的模块任务主要是让学有余力的学生能进行自我挑战，对复杂数据结构及其应用场景有初步认识。下面以基因表达式编程（GEP）算法为例说明培优题的设置要求。当然，在学生开始设计算法之前，需要教师给学生培训 GEP 算法的原理和各个模块的功能。

智能算法综合实践题目的模块设计，充分考虑了学生的能力和水平，其中每一个模块在整个算法框架下，都可以独立检验。学生选择这类综合实践题目，可以采用多种方式获得分数。

一是学生可以选择独立完成，独立完成的时候学生若完成所有模块，并能正确运行，则可以获得满分；若完成必须完成的模块后，可选模块只完成其一，也能够获得满意的分数。

二是允许学生组成小组进行分工，各自完成所有模块，共同实现一个完整的智能算法。

二、数据结构课程综合设计的改革实践

数据结构是软件工程专业的一门核心基础课程，通过分析这门课程各自的教学侧重点，理清这门课程对学生能力要求的连续性和差别性，我们在设置这门课程综合实践题目的时候，充分利用教学资源库中的综合设计类题库，以简单系统设计为主，采用逐渐完善系统的方法，把这门课程所要求的知识点以模块化的方式添加到系统功能的设置中。这样的设置充分考虑了大部分学生的学习能力和技能水平，使学生能够学以致用，对这门课程所要求的知识点有了具体而连贯的认识。

同时，我们也考虑了尖子生“吃不饱”的状况，在数据结构综合实践课程中，根据复杂数据结构在智能算法中的应用场景，设置了智能算法模块实现的题目，向优秀的学生提供开启高级智能算法学习的钥匙，达到逐渐培养学生的大数据思维，进一步提高学生的编程能力和专业素养，培养学生应用专业知识解决领域问题的目的。

第五节　数据库原理与应用核心课程教学改革实践

一、数据库原理与应用核心课程教学改革的背景

数据库技术是信息和计算科学领域的基础及核心技术之一，数据库原理与应用课程也是计算机专业的一项核心课程。数据库原理与应用课程的教学质量直接影响到学生后续课程的学习，也会对学生毕业设计的质量产生影响，直接

关系到计算机专业人才的培养质量。要实现数据库原理与应用课程的改革就必须以培养应用型、创新性人才为目标。对数据库原理与应用课程在计算机人才培养上的作用和地位进行深入分析，找出数据库原理与应用课程教学中存在的问题，从教学内容、实验教学、创新能力培养、教学方法和手段以及课程考核等多方面实现数据库原理与应用课程的改革，为培养高素质、高技术的应用型和技能型计算机人才提供必要的保障。

通过对数据库原理与应用课程的教学实际以及教学效果进行研究可以发现，其相关的后续课程如软件工程、动态网站设计难以正常开展，学生毕业设计的质量也不高，教学效果差。对这些问题进行原因分析可以发现，造成数据库原理与应用课程教学效果较差的原因主要有以下四个：

一是课程教学内容不符合社会的实际需求；

二是实践教学环节薄弱，不利于学生创新能力的培养；

三是教学方法和手段缺乏多样性，难以激发学生学习的主动性；

四是现行的考核制度难以实现对学生学校的综合评价。

在实际的工作中，数据库技术有着广泛的应用。要想使学生在毕业后能够更好地适应工作需要，使学生具有企业所需要的应用能力与技术能力，就必须提高数据库原理与应用课程的教学质量，实现数据库原理与应用课程的教学改革。在数据库课程教学过程中，教师不仅要重视数据库理论的教学，更应重视学生实际操作能力的培养，要理论联系实际。原理为应用提供理论依据和保证，应用为原理提供佐证。通过将二者整合优化，再结合课堂教学、课内实验、综合课程设计等环节，使学生在学习数据库原理的同时进行实际应用，不仅能加深学生对原理的理解，而且能加强学生实际应用数据库技术的能力，提高学生分析问题、解决问题、创新与实际应用的能力，并为学生后续课程和以后就业打下坚实的重要基础。

二、数据库原理与应用核心课程教学改革的实践

课程的理论与实践之间有着紧密的联系，通过对这门课程的特点进行探索和研究，对数据库原理与应用课程的改革可以从以下几方面进行。

（一）以理论与实践并重为原则开展教学

1. 以理论与实践并重为原则对教学大纲进行修订

数据库原理与应用课程的教育目标是培养社会需求的数据库应用人才，这

就要求既具有扎实的理论功底，又善于灵活运用、富于创新。我们结合招聘单位对人才技术的需求和专业的培养目标及专业定位，每年组织教师定期修订教学大纲和教学计划，并要求教师严格按照修订的教学大纲进行教学。适当压缩数据库部分次要的理论内容，强化数据库的实验教学。另外，该课程的教学除了常规的理论教学和实验教学外，还设置了综合课程设计作为该课程常规教学的延伸和深化。

在数据库原理与应用核心课程教学改革的过程中，对于学时也可以进行一定的调整，从理论课程的课时中抽出一部分分配到实践课程的课时中，从而为学生提供更多的实践机会，提高学生的实践能力。同时，根据课时的变化，还应对相关的教学内容做出一定的调整。由于理论课课时有所减少，因此对于理论性较强的内容可以做适当的删减。由于实验课时增加，因此可以加入数据库操作、权限管理、数据库访问接口和数据库编程等内容，从而有效提高学生的实践与应用能力。大数据是当前时代发展的一个重要趋势，因此对于数据库原理与应用课程来说，还应该适时加入有关海量非结构化数据的管理与分析技术等方面的内容。

同时，不断更新数据库原理及应用课程的实验教学环境，及时将数据库原理与应用核心课程教学相关的软件更新到最新的版本，紧跟社会发展的趋势，使学生尽快接触到新技术，便于学生今后的就业。

2. 构建完善的数据库知识体系

在知识领域，数据库原理及应用基础理论以必需、够用为度，以掌握原理、强化应用为重点，教学中坚持理论与应用并重的原则。在课堂教学中注重理论教学、精选教学内容和突出重点的同时，还应注意各知识模块之间的联系，这些知识点也并非是孤立的。不同的模块之间存在着密切的关系，因此在教学中要注重运用关系数据理论指导数据库设计阶段的概念结构设计和逻辑结构设计，用关系数据理论、数据库设计、数据库安全性和完整性等知识指导建立一个一致、安全、完整和稳定的数据库应用系统。

（二）采用模块组织试验培养学生的应用与创新能力

实验教学是巩固基本理论知识，强化实践动手能力的有效途径，是培养具有动手能力和创新意识的高素质应用型人才的重要手段，是数据库原理及应用课程教学中必不可少的重要环节。

数据库原理及应用课程只有将实验教学和理论教学紧密结合，并在教学中注重实验课程设计的延续性、连贯性、整体性和创新性，才能真正使学生理解课程的精髓，并调动学生的学习积极性，学以致用。同时这也能帮助学生构建知识体系，培养学生的科学素养、探索精神和创新精神，真正达到培养应用创新型人才的要求。

如何科学地选择数据库原理及应用课程实验内容，组织实验模块，培养学生的应用实践能力和创新能力，从总体上提高教学质量，成为计算机专业数据库原理及应用实验教学改革的核心任务之一。

实验教学内容要完全体现培养目标、教学计划和课程体系，而且要求实验模块的组织方法能够体现先进的实验教学思想，提高实验教学质量。数据库课程实验必须紧密结合理论教学的相关知识点，围绕某个项目的数据库系统设计，将实验分为验证型、设计型和综合型三种类型。通过这些实验，应用软件工程的基本原则，让学生能够设计一些类似的数据库应用系统，使所学知识融会贯通。

（三）采用多元化教学方法与手段激发学生学习兴趣

在实际的教学过程中，合理地综合使用各教学方法、教学手段，以学生为中心，采用案例教学法、项目驱动教学法和启发式教学法等相结合的教学方法，达到互相取长补短的目的。在教学过程中，针对不同学习内容，灵活应用这几种方法，取得了理想的教学效果，增加了学生的实践机会、自学机会和创新机会，极大地调动了学生学习的主动性和积极性，激发了学生探究创造的兴趣。

1. 培养学生独立探索的能力

建构主义学习理论认为，知识不是通过教师传授得到的，而是学习者在一定的情境（即社会文化背景）下，借助于他人（包括教师和学习伙伴）的帮助，利用必要的学习资料，通过意义建构方式获得的。项目驱动教学模式是一种建立在建构主义教学理论基础上的教学法，该方法以教师为中心，以学生为学习主体，以项目任务为驱动，充分发挥学生的主动性、积极性和创造性，变传统的“教学”为“求学”“索学”。

由于实验教学涉及知识点过于零散，缺乏对学生系统观、工程能力的培养，我们在实验教学中将项目驱动法和案例教学法相结合，在实验教学设计上以一个学生较熟悉的数据库应用系统的设计与开发实验贯穿整个实践课程，该应用系统的设计与开发涵盖了数据库课程实验的每个实验模块和技能训练，而每个实验模块是整个实验课程的一个有机组成部分。

实施实验课程教学时，在实践教学的第一堂课就以演示一个学生较熟悉的完整的微型数据库应用系统入手，简要说明开发该系统所涉及的知识和技能，引起学生对一个数据库应用系统的构成和开发的好奇心，由此提出本课程实验将围绕此微型数据库应用系统的开发而展开。让学生每堂课都带着问题学习，目的明确，能充分调动学生的积极性，从而达到事半功倍的效果。实验教学内容设计具有连贯性和针对性，通过这样循序渐进地讲解、演示和实验，让学生充分理解数据库的概念和技术，从而经历一个完整的微型数据库应用系统的开发过程，达到熟练掌握知识和技能的目的。

整个教学过程以一个数据库应用系统的设计开发为项目主线，把零散的技能知识与训练串在一起，以增强学生学习的系统性、完整性。教的过程是分块的，做的过程却是整体的，紧紧围绕项目工程开展教、学、做，学完之后学生非常有成就感，同时也产生了自主研发大型数据库应用系统的愿望，学生的自主学习和独立探索能力得到增强。

2. 利用启发式教学对教学难点进行深入研究

案例教学法是在教师的指导下，根据教学目标和内容的需要，运用案例来个别说明、展示一般，从实际案例出发，提出问题、分析问题、解决问题，通过师生的共同努力使学生做到举一反三、理论联系实际、融会贯通，增强知识、提高能力和水平的方法。

在数据库原理及应用中，关系型数据库是最常用的数据库，关系型数据库的设计都要遵循关系规范化理论，关系规范化理论是课程的重点，也是难点。教学中，教师通过采用案例教学法与启发式教学法相结合的教学方法，充分发挥两种教学法的优势，充分调动学生自主学习、主动思考的积极性，深入浅出，突出重点，化解难点。

首先是案例的设计。在教学组织上，选择学生熟悉的典型案例进行分析。例如，在图书借阅管理系统中需要记录读者所借阅的图书等相关信息时，人们很自然地会采用这样的关系模式来表示：借书（读者编号，读者姓名，读者类型，图书编号，书名，图书，分类，借阅日期），进而提出“给定的这个图书关系模式是否满足应用开发的需要，是不是一个好的关系模式，如何设计好的关系模式”的问题。教师分别从关系数据的存储、插入、删除和修改等几个方面启发学生思考该关系模式存在的问题。

其次是案例的课堂讨论。通过以上的分析与讲解，组织学生进行讨论：如何修改关系模式结构，解决该关系模式存在的数据冗余和更新异常问题。如果要对关系模式进行分解，有哪些原则指导分解，分解是否是最优分解。教师通过设问一步步地启发学生进行思考、分析和讨论，最终了解关系模式好坏的衡量标准，了解好的关系模式设计的基本理论、方法，并能把这些知识应用到具体的项目开发过程中。

案例教学法与启发式教学法的综合运用，使学生能够积极主动参与到教学中，充分调动了他们的主观能动性，实现了教与学的优化组合。案例讨论不仅能够传授知识，而且能够启发思维、培养能力。这些教学方法，既改变了传统教学思路，增强了教学过程中的师生之间的互动，又使学生的主体地位得到了加强，调动了学生的学习兴趣。

3. 采用分层教学促进学生实践

分层教学即先对学生实际的知识水平和能力进行考察，根据考察结果将学生划分为不同的层次，然后再在教学中对于不同层次的学生采取针对性的教学策略，使每个层次的学生都能实现发展的最大化。

分层教学是由学生个体差异的实际所决定的。采取分层教学的方式正是对于学生个体差异性的认识和尊重。尤其对于数据库原理及应用这门课程来说，其在理论性和实践性上都较强，如果沿用传统教学方式，学习能力强的学生的学习需求得不到有效的满足，而学习能力差的学生在学习上则较为困难。为解决传统教学方式中的这一现象，有必要实施分层教学的方法，尊重学生个体差异，在个体差异的基础上实施针对性的教学，从而使每个同学都能得到最大化的发展。分层教学也符合因材施教的教育理念。

分层教学法的实施需要对学生和教学两方面进行分层。对于学生的分层，可以以学习基础、学习能力、学习态度为考察因素，按照一定的人数比例，将学生划分为好、一般、差三个层次。

对于教学的分层，则可以细化为教学目标的分层、教学内容的分层、教学过程的分层、考核评估的分层四个方面。具体来说，在教学目标的分层上，应充分贯彻因材施教的理念。

对于处在“好”的层次的学生，对于教学大纲规定的内容，应对其制定较高的成绩标准。在达到优秀的成绩标准之后，对其进一步提升的学习需求，可以为其安排拓展课程。

对于处在“一般”层次的学生，对于教学大纲规定的内容，达到良好的成绩标准即可。

对于处在“差”的层次的学生来说，对于教学大纲规定的内容，在成绩上达到及格就完成目标了。

在教学内容的分层上，则应在教学目标分层的基础上，分层进行教学内容的制定；在教学过程的分层上，对于处在“好”的层次的学生可以以参与的方式为主，鼓励这一层次的学生参与到教学过程中，在教学过程中实现对知识的发现和探索，培养学生综合分析问题和解决问题的能力。

对于处在“一般”层次的学生来说，则应可采取问题驱动的教学方法，以问题激发学生的兴趣。通过分析和解决问题的过程，实现学生对于知识的学习和掌握。对于教学内容中存在的难点，则应加强对其前后联系的讲解，并从不同的角度对解决问题的方法进行讲解。

对于处在“差”这一层次的学生来说，则适合采用启发式的教学方法，在知识的学习上实现温故知新，在复习学过的知识的同时，启发新知识的学习。对于这一层次的学生来说，基础知识是其学习的重点，在教学过程中应不断巩固他们的基础知识水平。由于这一层次的学生学习能力上有所欠缺，因此对于教师来说，在教学过程中，应注意多鼓励和帮助他们学习，使他们通过学习的进步不断增强自信心，逐渐提高自身的学习水平和能力。

在考核评估的分层上，对于处在“好”这一层次的学生来说，由于他们学习能力和水平都较强，因此，在考核上应选择难度大的、综合性强的题目，以考察他们分析和解决问题的能力为主。在考试中，可以为其安排一些选做题。对于处在“一般”这一层次的学生来说，可以将教学大纲中的核心知识，作为考察的重点。对于处在“差”这一层次的学生来说，应以一些简单的、基础的题目为主。

在班级授课制之下，通过分层教学的方法，能够有效地实现个性化教学，使不同层次的学生接受符合自己实际的教学，从而使其保持学习的积极性，实现教学效率整体上的提高。

4. 建立立体化课程教学资源辅助平台

立体化课程教学资源辅助平台主要包括教学资源系统、项目展示系统、在线答疑系统、模拟测试系统等部分。

教学资源系统主要包括课件、视频、习题、相关工具、课外资料等内容，建立教学资源系统的目的在于为学生提供充足的、多样的学习资料，满足学生学习需求。项目展示系统主要包括学生的各类示范性的实践作品。建立项目展示系统的目的在于，通过示范性作品的展示，激发学生学习的竞争性和积极性。在线答疑系统即教师在线对学生问题进行回答的系统。这一系统的建立有利于打破师生交流的时间和空间限制。当学生在学习中遇到问题时，能够随时向教师进行请教，教师也能够及时地对学生的问题进行回答。模拟测试系统的功能在于学生根据自己的阶段学习情况，通过系统生成符合自己学习实际的测试题目，实现学生对于自己学习情况的随时检验。

通过辅助平台，不同层次的学生都能根据自己的实际情况选择对自己的学习进行辅助，如选择自己需要的资料与合适的习题对自己的学习进行补充，通过合适的题目准确地检验自己的学习情况，在学习遇到困难时也能够通过平台得到及时的指导和帮助。

立体化教学资源的建设有利于形成学生自主式、个性化、交互式、协作式学习的教学新理念。立体化教学资源的运用有利于发挥学生的主动性、积极性，有利于培养学生的创新精神。

第六节　基于教学资源库的课程综合设计改革实践

一、当前综合实训课程实施存在的问题

我院在制订专业培养计划时，将专业基础核心课程综合实训作为理论课程教学的附属单元来安排。一般在理论课程结束的下一学期，开设相应的综合实训课程，16 ～ 32 个学时，由任课教师自行决定实训方式和考核方式。通过对以往的核心课程综合实训课的实训方式、考核方式以及学生的综合实训效果进行调查分析，我们发现综合实训课程在实施过程中主要存在以下问题。

（一）综合实训题目设置不合理

这一问题主要表现在以下两个方面。

一是题目内容简单，对理论课程的教学知识点覆盖面较小。学生难以在实训过程中学以致用，得到的训练不足，效果有限。

二是综合题目很大，但学生分组过少。例如在程序设计语言课程中，有的任课教师将综合实训题目设计为一个信息管理系统的开发与实现。该题目涵盖了程序设计语言理论课程的设计结构、数组、指针、结构体、文件操作等所有重要内容，综合性强，难度大，然而在训练方式上，却没有充分考虑学生能力和水平的差异，要求一个班学生统一完成一个综合训练题目。

这就导致了能力强的学生需要专注地去完成课题，无法顾及其他同学；而

大部分中等或偏下水平的学生却因无从下手而产生畏难情绪，最后无法完成练习只能抄袭向教师交差，训练效果很不理想。

（二）实训过程中教师指导工作没有监督

由于是任课教师自行决定训练方式，因此就不可避免地出现教师指导工作不到位的情况。有的任课教师采用课堂教学形式给学生安排 1 ～ 2 个课时讲解综合实训课题的需求和主要技术，然后放任学生在机房中独自实践，学生在训练过程得到的实际技术指导非常有限，教师也无法了解学生的能力和普遍存在的知识缺陷，这对于提高课程的教学质量是非常不利的。有的任课教师甚至以学生申请在校外完成实训任务为由，采取学生自行安排、各自独立训练的方式，实训课程形同虚设。

（三）课程考核方式过于宽松

几乎所有教师采用的考核方式都是以学生交上来的作品作为评分的依据。然而，由于训练阶段教师对学生缺少全程指导和监督，教师很难判断学生的作品是否独立完成，也无法单凭代码或界面的相似程度来判断学生是否存在抄袭行为。过于宽松的考核方式不但无法公正地评价学生的实际水平，也打击了真正自己动手完成实训的学生。

经过分析我们发现，综合实训课程出现以上问题的根本原因，在于师资投入不足。综合实训课程教学的现状就是一个教师对全班学生。教师有限的精力和个体经验的局限性，都使他们难以根据学生的实际情况设计多个难度不同的综合实训题目，对及时解答所有学生的问题和对每个学生的能力进行客观公平的评价也常常力不从心。

二、综合实训课程教学改革与实践

广西师范学院针对程序综合实训课程中存在的根本问题提出了改革方案，并进行了实践。具体方案如下。

①进行综合实训内容改革。依托本院综合实训资源库，合理安排难度适中、具有可持续完善特点的题目，为后续或相关课程的综合实训埋下伏笔，同时可以促使学有余力的学生提前预习其他相关课程的知识。核心课程综合实训题目设计的具体案例我们将在后面的小节中进行描述。

②规范指导教师工作改革。成立实训课指导与考核教师小组，每个小组

成员为 4 ～ 6 名，都是来自各个教研室的长期从事相关课程教学的教师。实训指导与考核教师小组的工作贯穿于实训方式、实训内容以及实训考核的改革之中。

（一）实训方式改革

实训方式改革包含以下两个方面的内容。

①共同协调各个专业开设综合实训课的时间。采取这种开课方式带来的好处在于，同一个小组内的教师对本学期有多少个班、哪些专业开设了同门综合实训课了如指掌，大家可以互相了解实训课期间各个专业、各个班的情况，起到互相监督、互相促进的作用，避免了以往实训课程任课教师各自为政、缺乏监督的情况。

②由指导与考核小组成员协助任课教师指导学生实训过程。具体实施时，规定在学生集中实训的 32 个学时中，指导与考核小组的教师必须与任课教师共同承担 2 ～ 4 个学时的实训指导工作。这一措施不仅改变了以往实训过程中面对众多学生的问题，一个教师力不从心的状况，还有利于发现能力强的学生将他们发展成指导教师的小助手，帮助其他同学解决问题。同时这一措施也使考核小组的教师能够更深入地了解实训的学生，在答辩过程中能更公正地进行评分。

（二）实训内容改革

由指导与考核小组成员根据学生实际的编程能力和水平，从教学资源库中共同确定综合实训课程的题目。在指导与考核小组中有的教师教学经验丰富，有的教师实践经验丰富，在一起讨论课程综合实验内容的时候，常常会碰撞出思想的火花。比如实践经验丰富的教师设置的习题往往综合性特别强，难度也稍高，这时教学经验丰富的教师就会根据学生的习题情况和实际能力，把题目拆成 2 ～ 3 个小课题，这样既保证了题目的综合性和多样性，又考虑了学生的完成能力，使得学生更有信心接受挑战，也能够在实训中享受到软件设计的乐趣。

（三）考核方式改革

考核方式改革主要体现为教师团队共同承担学生作品的答辩工作。我们将以往实训课程结束后，学生仅需提交作品的考核方式，改为作品答辩考核。执行时，将参加实训的同学平均分配到考核小组教师的名下，一般一个教师负责

10 ～ 15 个学生的答辩。答辩时要求作品能够正确、稳定运行，学生能解释代码，或者能够对代码进行简单的修改，如要求学生按显示的要求将代码中显示命令的格式做一些修改等。如果学生本学期答辩没有通过，允许学生下一个学期期中前继续答辩，若第二次答辩仍不合格，则要求学生重修实训课程。

第六章　新时期计算机慕课教学模式分析

慕课使全球教育领域充满激情和热情。慕课教育关联着人本主义和自我教育理论，在现代教育中是一种新的教育形式，慕课教育的出现，是为了能够更好地培养学习者的学习能力，也在一定程度上使教育效益得到了提高。本章分为慕课的内涵及其对我国终身教育的影响、慕课模式对我国开放课程的启示、后慕课时代高校博雅课程教学模式分析三部分。主要内容包括慕课教育的概念界定、慕课对教育教学模式的挑战、慕课在教学中的优势、高校博雅课程传统教学模式的优劣势分析等内容。

第一节　慕课的内涵及其对我国终身教育的影响

一、慕课教育的概念界定

（一）慕课教育

随着科学技术的发展，人们对现代教育理念也更加注重，慕课教育的产生也离不开社会的进步和发展。慕课教育是一种现代教育的新形式，从属于现代教育。教育中包含传统教育和现代教育两大类别，传统教育和现代教育在人们心中是一种特定的概念。“传统教育”以教学内容和教学理论作为着重点，以传授知识为主要内容；“现代教育”更加注重课本以外的内容，把学生放在主体地位，强调学生的主动性。

慕课教育的产生有利于培养学生自主学习的能力，能让学生更好地发展自身的优势，能够让自身成为学习中的主体。

慕课教育依靠信息化技术的发展和大数据技术的支持。慕课和微课是线上教育载体，翻转课堂是线下教育载体，这些教育载体均以问题为中心，学习者会在教育者的指导和帮助下，提高自身的学习能力和教育效益，促进自身的个性化发展，这是一种新的教育形态，在这其中也产生了许多新的教育实践活动。由此可以看出慕课、微课和翻转课堂的产生有助于学生更好地学习，也是为了使慕课教育能够在教学中更好地发展。

（二）微课、慕课、翻转课堂

随着网络技术的飞速发展，“微”潮流也普遍在我们日常生活中盛行了起来，微博是“微”潮流中最早的产物。随后出现了微信、微电影、微小说等各种各样的“微”产物。微课也是这股潮流的产物之一，微课的产生是由学校资源、教师自身能力和学生兴趣构建而成的，微课是一种相对独立且完整的小规模课程，自身具有很多优点，如教学时间相对其他教学时间较短、教学内容明确、教学目标针对性较强、便于传播制作简单等，这些特点能够更好地满足师生个性化教与学的需求。

慕课是由“MOOC”（大规模开放在线课程）中文译名而来的。慕课分为多种类型，有的慕课教育是以知识传授为主的，有的则是以社交网络为核心的，还有更多各种各样类型的慕课。慕课教育不同于网络公开课，网络公开课只提供教学视频，而慕课不仅会提供教学视频，还会提供其他的学习资料，也会有具体的开课和结课时间，也会为学生布置相关的学习作业并对作业进行评价，还会组织学生在线交流和讨论，甚至会颁发证书和授予学分。这也证明了慕课具有开放性和灵活性等特点。

在课堂教学模式中，翻转课堂相对于传统课堂，已成为一种新型的课堂教学模式。在传统教学模式中包括三个学习阶段：课前、课中和课后。而翻转课堂相对于传统课堂的不同之处就在于课前和课中会分配不同的学习任务。

在传统课堂中，教师经常会在下课前叮嘱同学们要在课下预习下一节课要讲的知识内容，提前预习好教学内容，但是在下一节课上课前学生虽然已经预习好教学内容，教师仍然会滔滔不绝地将自己教案中的内容全都传授给学生。

在传统教学中，教师不能明确掌握学生已经学会的知识，这样就会导致教师在不了解状况的前提下，还会再讲一遍教学内容，因为在传统教学中没有一种科学的方式能够实现让教师明确知道哪些内容学生已经学会不需要再讲，哪些内容是大家都不会的。而这个问题在现如今的网络技术中能够得到一定的解决。教师能够在有限的课堂教学中，明确知道学生需要指导的方向，能够根据收集到的数据反映出学生存在哪些问题，并根据重点问题进行答疑解惑。在翻转课堂中能够做到“有据可依”，这就是翻转课堂的特征。

二、慕课教育的特征

（一）资源共享性

在资源共享性中，优秀的教师资源和丰富的学习资料是其中的两大方面。相较于古代个别教育制度，资源共享性的出现可以说是教育史上巨大的变革。在古代个别教育中，是学校的所有学生集中于一室，等待教师轮番传唤进行个别指导；当社会步入资本主义阶段时，产生了班级授课制度，学生每天只上课4小时，一个教师可以同时对几百个学生进行统一授课，所受的辛苦也比之前教一个学生少受10倍。

在没有发明印刷术之前，文化传播的主要手段是靠人们手抄书籍，学习的资料也相对较少，在当时的社会中只有贵族才能够享受教育的特权。直到16世纪中叶印刷术的产生和通信技术的发展，为普通人民群众学习的机会带来了希望，促进了各种学习资料和书籍的资源共享。

在现如今随着互联网的飞速发展，教育信息化的普及，产生了慕课、微课和翻转课堂，慕课教育凭借这三大载体并借助信息化的发展，产生了三大慕课平台，分别是edX，Coursera，Udacity，有了这些平台的帮助和信息化发展的支持，让数以千万的学生得到了更好的教育平台。

与此同时，关联主义认为学习并不是一个人的活动，而是要通过各种节点相互连接形成一个网络结构。现如今通过网络技术的发展，世界各地的学习者都能够对任何学习内容和问题进行讨论和交流，网络的发展实现了学习者能够便捷联系到更多的学习者，个人的知识也能够成为其他人的学习资源，这也促进了网络学习的发展。

（二）效益性

效益在字面意思中能够看出是效果和利益的总称，多用在经济领域中。如果在教育领域中出现“效益”二字，是为了说明在教与学中付出和收获所占的比重。慕课教育相对于传统的教育，在效益性中主要是为了体现以培养学习者的学习能力为主要方面。

现代社会的发展速度越来越快，知识的传播手段也越来越多，更新的速度也在加快，知识就像大海一样是永无止境的。这就要求教育者和学习者要不断地接受和学习新的知识，不断地对自己进行“充电”，以适应时代的需求和社会的发展。教育者也要顺应时代的发展对学习者的培养有所转变，不应只注重传授知识，而应把重点放到培养学习者的学习能力上。

慕课教育相较于传统教育更多的是强调学习者的自主性学习，而且学习者可以根据自身的条件制定学习的时间和地点；慕课教育相对于传统教育获得的知识也比较丰富，当学习者面对大量的学习知识时，并不是所有信息都适合自己，也要根据自身学习的需求找出关键的内容。

慕课教育要求学习者在自主学习中，发现自身在学习中存在的核心问题，并在个性化学习中解决这些问题，同时锻炼自身的学习能力，随着解决问题次数的增多，学习能力也会得到相应的提高。

（三）复合学习性

复合可以称之为结合或联合，从字面中可以得知是两种或两种以上事物的结合。复合学习是指两种或两种以上学习方法的结合。在没有互联网的时代，人们获取知识的渠道大多来源于书籍或是教师传授的教学内容，学习通常只是在课堂上，通过教师的授课以及布置的练习作业等来完成的。

慕课教育更多的是注重学习者的自身发展，并使学习者在学习中能够实现自我的潜能。慕课教育相对于传统教育不再单一地采用课堂教育，而是有更丰富的学习方式，这也体现了慕课教育具有复合性。慕课教育通过网络技术，将学习划分为线上学习和线下学习，并将两种方式相结合。

线上学习是指学习者利用电脑、手机等移动设备，通过慕课、微课和翻转课堂等学习，或是针对某一学习问题通过网络平台进行讨论，能够让学习者自由学习知识内容。

线下学习是指学生在课下交流讨论学习知识，以及在课上和教育者之间的互动。线下学习是让学习者之间相互合作，对知识问题主动研究讨论，课上能够积极表达自己的问题观点，允许有不同的声音。

线上学习和线下学习密切相关，线下讨论是在线上的学习中产生的，线上学习的知识也能够在线下相互交流，加深记忆，帮助知识的消化。

（四）自主性

自主通过字面意思可以解释为自己做主，不受别人控制支配。学习者在学习中要有自我教育的能力，慕课教育中的自主性是指，要使学习者在学习中能够自我做主并且自我教育，并对自己做出的行为能够负责。慕课教育能够让学习者有自我教育的机会也是说明了慕课教育的开放性。

如今时代的发展，教育资源和获得教育资源的渠道越来越多样化，在慕课教育的环境中，教和学不在有指定的地点和特定的时间，而是根据学习者自身的教育需求，自主选择学习的方式和学习的节奏。

在慕课教育中，学习者在完成学习任务的基础上，有较多的自由时间，可以利用多余的时间对已经学习的知识进行加深理解，也可以适当地对已经掌握的知识进行拓展，不过这也需要学习者能够对时间有一个合理的规划和安排，并能够在其中进行自我监督。

学习者能够自主性学习，并不意味着他能够脱离教育者，这是因为教育者在学习者进行自主性学习时发挥的是指导的作用，目的是让学习者能够在学习中做“主角”，能够尽情地发挥自己的能力。在自主性学习中，学生学习时发生的主动行为、学生能够学到哪些知识取决于他自身，而并不取决于教师。

三、慕课的主要组成部分

慕课是一种网络开放式在线教学课程，网络平台是慕课教育呈现的基础，教师和各学科专家是传授者，教学内容的呈现方式是在线视频课程，学习者是慕课网络平台的注册学员。所以慕课主要是由网络平台、网络视频课程教师和学习者共同组成的。

（一）网络平台

网络平台是慕课成立的基础。网络平台为慕课课程参与者提供了便捷的沟通平台。慕课网络平台是在互联网技术的搭建下产生的，它的出现是为了给教师提供一个更好的授课场所，也能够为学员提供丰富的学习资料，并且慕课网络平台对外公开免费开放，它成了教师和学员之间良好的沟通平台，也在一定程度上实现了学习资源的共享性。

除了这些内容，慕课网络平台还为学员提供了学习考核等功能。慕课网络平台的产生离不开网络平台这一大环境，它也是网络平台的一部分，是学习者学习的根据地。

（二）网络视频课程

在慕课在线网络平台中，如果没有网络视频课程就失去了精华，网络视频课程是其核心内容的关键。慕课课程是授课教师提前录好的视频，然后在平台中上传，以在线视频教学的方式呈现。授课者会根据课程安排进行视频的录制，通常一门课程的教学时间大致在 4 ～ 16 周，但也会根据不同课程的需要进行不同的安排，课程的安排是根据每一学科的教学大纲、教学目标和教学内容产生的，一般课时数不会超过 16 周，每门课程的时长在 1 ～ 2 小时内，也会根据知识模块把一个知识点分解成 8 ～ 15 分钟的微视频。

慕课微课堂的产生是为了学生能够自由把握学习进度，并在这种学习模式下能够提高学习的自主性，微课堂要求学员只有完成一个学块的知识内容才能进行下一学块的学习。慕课课程的教学结构包括短视频教学、嵌入式小测验、课后测验、结课考试等。设置嵌入式课程测试与评估，在慕课课堂中是为了学员能够提高学习的参与度，也是提高教学质量的一种表现。

值得一提的是，慕课网络课堂中所有的教学视频，能够为学员提供下载的方式进行学习并能够反复观看学习。慕课网络课堂中有极强的互动性，学员能够在平台中选择和自己学习同一门课程的学员聚集在一起集中交流讨论学习的内容，有时候授课教师也会参与其中，这样教师也能够第一时间得到学员在学习过后问题的反馈，然后教师得到学生反馈的问题后，集中进行解答。有的学员性格腼腆不愿在线上进行讨论，会在线下与一起学习的同学约定时间、地点当面进行讨论。

慕课网络课堂相比于其他在线教育，除了能够实现教育资源的共享外，还能够促进学院和教师之间的沟通交流，慕课网络课堂的产生也实现了线上课程考核和测试的结合，能够使学员感受到学习体验和学习质量的提升。

（三）教师

教师在慕课在线网络平台中是以主导地位存在的，任课教师通过视频录制并发布在平台中来传授知识。慕课课堂的教师和传统教育课堂中的教师职责不同，虽然教师的职责都是讲课，但是慕课课堂的教师，不在传统固定的教室中与学生面对面地授课了，而是根据课程的安排，提前录制好授课内容的教学视频，并且要是网络平台中设置好微课堂的小测内容，教师还必须在课后登录网络平台针对学生提出的问题进行答疑解惑。

慕课网络课堂对其中的任课教师要求很高，不但要求这些教师具备专业的知识水平，还要针对平台中全球各个国家各个学习阶层水平的学员，熟练使用不同的授课方法。在慕课网络课堂中的任课教师需要得到平台更多学员的信任和认可，如果只具备专业功底强，讲课内容熟练是得不到很高的点击率的，还需要授课方式新颖独到才能够得到更多学员的喜爱和认可。

（四）学员

慕课网络平台中学员是主体，因为学员不仅要参与课程的讲授，还要在学习课程结束后参与课程交流，课程测试等各个环节。慕课在线网络平台的学员来自全球各个国家，学员的不同国籍、不同种族、不同语言也丰富了学习资源的多样化，也能够吸引更多学员加入慕课。而这些学员加入慕课有着不同的动机和学习需求，有的是希望能够提升自身的自主性学习、有的是希望丰富自己的学识、有的是为了能够在名师的指导下对学习的知识进行查缺补漏、有的是为了能够顺应社会的潮流趋势不断地学习。

四、慕课的主要特征

慕课在线网络平台是面向全球、各个国家、各个阶层的平台，也是广大人民群众都认可的一个平台，并且能够免费参与教学。慕课在线网络平台的出现突破了传统教育在空间和时间上的限制，是一种新型的教育平台，能够让学习者实现自主化的学习，慕课课堂和以往的网络课程相比，具有以下优点。

（一）大规模

慕课大规模的特点主要表现在，平台中参与课程学习教育的学生数量多，平台点击数据大，加入慕课高等院校的知名专家学者和优秀的教师团队众多。众所周知，传统教育课堂由于教学场地的要求，对学习者的人数有一定的限制，但是在慕课在线网络课堂中，学习者的人数是没有上限的，只要是想学习的人注册慕课平台就能够在其中进行选课学习了。慕课在线网络平台涵盖各个学科各个领域的学习内容。

（二）开放性

慕课课堂与传统课堂相比，学习资源更多样化更加开放，慕课平台不限制用户，面向所有人开放，只需要学员注册慕课在线网络教育就能够在其中进行学习并且能够获得海量的学习资料，根据获得的资料自主地选择学习内容。慕课平台的学习入门门槛低，只需要学习者具备上网条件，就能够实现随时随地免费优质的在线学习。

（三）自主性

慕课网络课程的学习，需要学习者全部流程都是在网上在线完成，需要教育者提前录制好授课内容，然后上传到平台中提供给学员观看学习，学习者必须要通过网络才能实现在线学习。慕课网络平台对学习的地点和时间是没有限制的，该平台要求学习者只有具有很强的自主学习能力，才能很好地完成课程学习中的各个环节，这打破了传统教学在时间和空间上的限制，能够更好地满足学习者随时随地学习的个性化需求。慕课网络课程的出现能够培养学习者学习的自主性，并在学习时间中提高了学习的效率。

（四）互动性

在现代社会中，更多人喜欢慕课在线网络教学这种教学方式，因为它与传统教学相比，能够随时随地地和更多学员进行学习上的沟通交流。慕课网络教学随着发展的需要，开辟了更多线上交流互助的工具，如微信、微博、推特和脸书等通信软件，使学员能够随时随地与其他学员或教师进行答疑解惑或交流观点等。学员在慕课课程中不仅能够与教师进行问题上的沟通，还能够一起对知识的观点进行交流探讨。

除此之外，慕课教育和传统教育的不同之处还在于，慕课中的“微课程”，是一种仅有十分钟左右的短视频教学，在这十分钟内能够充分抓住学员的注意力，使学员在短短十分钟内有更好的学习效果，也能提高对学习的热情。

五、慕课对教育教学模式的挑战

（一）教学模式的改变

慕课教育是在传统教育的基础上形成的，但又不同于传统教育，慕课教育有自身新的特点。由于慕课教育是通过网络平台授课的，所以会比传统课堂容纳更多的学生。慕课教育平台中有全世界各大顶尖学校海量课程资源，并且以极低的成本开放给任何想要学习的人，所以慕课教学的产生对以传统教学模式为主的高校产生了极大的压力。

学习者在慕课平台不仅能够获得免费的课程资源，还能认识到许多优秀的教师，甚至会在交流讨论知识的过程中结识一些志同道合的学习者，这让学习者必定会在传统教学和慕课教学中做出选择。由此可见，慕课教学模式能让更多学习者自由选择愿意参加的课程。

（二）学习主动权的变换

慕课教学不仅为学习者提供优质的教学和师资资源，还能让学习者掌握学习的主动权，慕课教学中能够培养学习者自主性学习，学习者可以根据自身情况选择自己喜欢的课程进行学习，而且学习者可以随时随地根据自己的时间进行学习，甚至有的人对慕课教学的评价是“在慕课教学中学习者唯一受到限制的，就是能否连接上网络移动终端”。

慕课教育正是由于网络技术的支持，才能够让海量学习者实现便捷学习的可能；也正是由于网络的支持，慕课教学能够弥补一些传统教学无法实现的事情，如慕课教育平台能都通过学习者学习的相关数据，分析出学习者的学习轨迹和学习习惯等。

这对于课程研究者来说，可以基于实时的、具体准确的数据统计，进行综合的学习分析，优化已有课程的结构乃至推出更能满足学习者需要的课程；对于参与其中的学习者而言，能够做到有效的学习监控，在缺少教师引导的自主学习过程中，利用自己的学习数据调整学习步调，进一步形成更适合自己的良好学习习惯。

（三）教学任务的改变

就目前看来，在慕课教学平台中面对更多的是学习者群体。在慕课教学课堂中很多专业性课程讲授的内容大多以科普为主，能够满足学习专业性知识的学习者的课程并不多见，主要是由于这些专业性知识对学习背景有较高的限制。但是在传统高校课堂中没有这种限制。不过，教师能够在慕课教学中分析出学习者的爱好和兴趣，从而能更好地研究出有针对性的教学方法，能够更好地与学习者进行沟通。

大多数在慕课平台中开课的教师都表明，讲授同样的课程内容，在慕课平台中和传统课堂中要根据不同的授课方式去讲授，但是他们大部分在慕课教学中能够收获更多学习者的反馈，能够和学习者有更多的交流讨论。当将新的想法运用到课堂教学中时，学习者能够呈现出不错的反响。

可以看出，即使专业课程有多枯燥无趣，教师也不一定非要按照严禁的授课方式去教学，可以根据学习者的特点去改变教学方式。在这个过程中，慕课对于当下的高等教育，就像鲶鱼效应中那几尾鲶鱼一样，由一部分有志于改变现况的先驱教师发起，利用网络的便捷和慕课自身的优势为传统的高等教育的传统模式注入了活力。

六、慕课带来的积极影响

（一）促进院校的合作与竞争

1. 高等院校之间的合作

传统高等教育学校由于地理位置的不同，往往很难进行合作交流，都是各自为政，并且校园开放程度不高，学校国际化只是体现在互派交换生、跨国人才交流或科研合作等。学校之间的竞争也体现在历史文化、科研成果等方面，日常课程教学在学校之间的差异并不明显。

自2012年慕课平台建立以来,慕课平台就和世界各地著名院校进行了合作，前面也提到过 Coursera 平台已经和 100 多所高校进行合作，edX 也和很多顶级高校确立研究合作项目。高校和平台的合作，能够共同开发更新颖的课程，并且能够通过平台的数据结果，有利于进行相关的研究。

除了各大网络教学平台寻求高校合作以外，很多地区的高等院校在慕课教学的风潮中也意识到了合作的重要性，各地区间的高校也纷纷组建本地区的慕课联盟，使得相互之间在竞争中共同发展。这使得各大学校间的边界得到了弱化，在互联网这个大环境中，发展成了“线上的校园”。在这个“线上校园中”各大高校凭借自身优秀的学习资源，通过合作发展成新的课程，能够带动高等院校国际化与开放性。

2. 高等院校与慕课平台的合作

慕课将高等院校放进了与世界竞争的圈子中，是由于慕课主动选择了各大高校，而其他高校就被动地迎接了慕课的挑战。不过不管是高校主动选择竞争还是被动接受，高校教育都已经打破了传统教学中各自为政的特征。对于整个高等教育体系而言，相互合作是为了后续持久的发展。所以高校处于现有的环境中，必须要考虑自身国际化发展的战略。

其中，高校与营利性或非营利性的平台合作，共同开发新的课程分享到平台中，这样是一种提高自身知名度的手段；为了防止外来文化更加吸引本地区学习者，建立以政府或者权威机构为依托的、具有地区或者国家性质的本土化平台，要不断开发自己地区特色的教学课程，吸引更多的学习者，也要考虑本地区的优势，选择一些更加适合本地区学习者的课程。

要注意的是，平台在建立时，要考虑到高质量课程教学可以发挥的平台，高校在这一过程中要做到的是不断提高自身的价值，要在保证教学课程质量（包含教师授课的质量和教学内容的质量）的同时，还要运动自身独特的教学方式去吸引更多的学习者。要将从慕课平台中积累的经验运用其中，并将线上教学和线下教学结合起来。

高等院校在慕课平台中上传教学视频吸引学习者，不但是一个免费宣传自己的机会，也是能够实验新的教学方式的场所，同时在各大慕课平台中能够更好地提高自身的教学水平。

高等院校与慕课平台的积极开放和合作，有利于高等院校不断发展自身优势。慕课平台的教学能够替代传统教学的学习方式，能够为不同年龄段的学习者提供更多的选择机会，他们不仅仅能够对课程学习进行选择，还能够对学习环境、学习时间进行自主安排。

（二）促使高等教育为终身教育服务

1968 年保罗朗格朗针对学习提出了“终身教育”的学习理念，自此以后终身教育便作为一项基本原则存在着，终身教育在高等教育的领域中也一直被更多研究者关注着。至今关于终身教育的研究文献越来越多，但是终身教育由于受到多方面的限制，并且发展规模有限，在现在教学中的影响也不大，所以很难进行实践。很多高等院校也没有实现终身教育理念的场所。

终身教育没有特定的人群，是面向所有人的一种教育，字面意思可以理解成一句俗语就是“活到老，学到老”，不分年龄，不分教育程度，终身教育是持续的一种学习方式，是能够贯彻一生的学习过程。从某种意义上来说，终身教育能够完善人们现有的知识结构，并且能够培养自主学习的能力。人们能够把终身教育当成生活的一部分。而慕课教育在网络这个大环境下，几乎能够满足终身教育的大部分要求。

1. 学习对象范围

慕课教育对学习对象没有指向性范围，通俗地讲就是，只要学习者想要学习，只要会使用电脑、拥有连接网络的设备，慕课教育的学习对象可以是上到 80 多岁的老人，也可以是小到年幼的孩童，而且慕课教学相较于很多教育机构而言，没有对学历的要求，也不需要学习者花费昂贵的教育资金，这能够为那些想要学习却难以承担高额学费的学习者，提供更便捷实惠的选择，使教育能够走进更多人的生活当中。

2. 课程教学模式

慕课教学中的课程选择和设计要比系统的专业学习操作便捷简单易懂得多，慕课教学视频大多是在十几分钟之内，它是以片段式知识结构呈现的视频，不会占用太多学习时间，短时间的教学能够降低学习者的疲劳感，也能够让学习者自由掌握学习进度。慕课教学模式能够满足不同年龄层次、不同文化背景的学习者的学习要求。慕课教学中能够容纳更多有学习意愿的学习者，这是很多高等院校和教育机构都不能做到的。

3. 未来发展趋势

从未来的发展趋势中能够看出，慕课教育还有巨大的发展空间，而且慕课教育能够包容所有的教学内容，网络环境造就了多样化的慕课教学。学习者在慕课平台中学习不再只是为了拿到一纸文凭才进行学习的，而是为了能够充实自己的知识结构，提高自己的学习能力，扩展自己的兴趣爱好，甚至有的慕课平台的学习者是为了消磨闲暇时间而进行学习。所以在慕课平台中任何理由都可以是学习的契机，慕课教学为更多人提供了学习的机会。

终身教育没有确切的要求学习者要达到什么样的学习标准和要求，终身教育更多的是关注个人在学习中的自我完善。当人们有学习需求的时候，慕课教育平台就会为这些学习者提供便捷的机会。终身学习没有特定的含义，只要是能够在学习中完善自我的都能称之为终身教育。

慕课平台的出现，为高等教育提供了更多的责任和职能，而且这种作用是持续的。长久以来，许多教育学者为了突破高等教育的壁垒，一直在尝试各种方法进行研究，使得高等教育与慕课教学能够更好地融合。慕课平台在为每一个学习者提供学历文凭之外，更多的是为了完善学习者已有的知识结构体系。在慕课教育中，人们可以根据自己的意愿随时进行学习。

（三）促使教师由个人向团队合作转变

教师是学校中不可或缺的一部分，高等教育阶段的教师需要承担一些科研任务。不过从目前来看，在高等教育中大部分教师的职能仍以教学为主。学校的人员组织由两大类组成，分别是专业教师以及行政管理人员。不过，这种人员组织形式根据慕课教育的不断发展会随时被打破。

有一项针对我国学习者对慕课教育认同感的调查表明，学习者在慕课教育中对授课内容和授课教师而言，大多数都对授课教师更加有认同感，可见优秀教师对一门课程的重要性。由于在线教学是受时间和空间限制的，授课教师在视频教学中表现出的专业素养和教学能力，往往会对课程的展现起到决定性的作用。

在慕课教学中，教师团队看似是个人在教学中相互不会干涉，但其实他们是一个合作的完成体，团队中的每个成员都缺一不可，在慕课教学整个过程中，任何一名教师都不能自己独立完成，这也足以看出团队合作的重要性。

总而言之，慕课的发展需要依托高等教育的支持，就像上一部分提到的二者的相互促进作用一样，以后的高等教育势必与慕课完成线上线下的融合。混合式学习方式也会一步步发展起来。在这个过程中，许多高等院校的公共课程可能已经不需要本校教师完成授课，而改为通过慕课完成学习，再在线下进行考试获得学分。

许多学校因缺少相关专业的教师而导致学校无法开设相关专业的课程，但这些学校可以借助慕课平台，将慕课课程引进实体课堂中。这样的变化，使得一部分优质的教师成为课堂的讲授者，主要致力于传统课堂中；而剩下的一部分教师更多的是参与到慕课视频教学制作的工作当中。

从上述内容可以看出，教师要么转变自身的角色，投入慕课教学制作团队中，要么就不在参与原有的教学活动，将更多的时间和精力投入科研任务当中。久而久之，高等教育机构能够与院校教师实现职能的分离，从而各司其职。这样的分离在保证教学质量的同时，还有利于发展科研任务。

（四）转变学生学习方式的改变

慕课教育具有独特的魅力和美好的发展前景，但是随着社会的不断发展，任何事物中的机遇和挑战都是并存的。教育是社会活动中最复杂的一项工作，慕课教育也不是唯一的教育方式。

慕课教育为教育界带来了一场颠覆性的革命，这对高等教育在一定程度上产生了深远的影响，也给高校教学模式带来了全方位的冲击。根据现代信息化技术的发展，慕课教育突破了传统教育的围墙，呈现了国际化发展的趋势，也对大学教学相关管理制度带来了根本性的影响和冲击。

1. 自主学习成为主流

能够自主性学习是直接影响学习者学习效果的直接因素。教师在传统课堂中有绝对的权威，而学习者只是跟随者。

慕课教学与传统教学相比较最大的特征就是学习者掌握学习的选择权和自主支配权，能够使学习者根据自身的需求合理安排学习目标，针对学习目标自由决定学习的时间和内容，也体现了慕课教学具有灵活多样性。慕课教学能够及时呈现出自己学习的成果，这样能使学习者对自己的成果进行反思，在反思结果中不断地调整学习的进度。这样的教学方式能够让学习者真正地掌握学习知识，有利于学习者做到高效学习。

学习者在慕课教育中能够培养自主学习的能力，这样不仅使学习者能够在学习中合理安排时间，还能提高自我约束能力和独立思考的能力，而且在慕课教学中学习者能够真正地成为学习的主体，从而自主学习在学习中成了主流。

2. 学习时空界限被打破

在传统教学中，学习者的学习时间是有限的，因为上课时间是固定的；传统教学中，学习的场地是拥挤狭小的，学习局限于学校的教室中。慕课教学打破了传统教学对于时间和空间的界限，学习者只要有想学习的意愿无论在白天还是晚上，在有网络的地方，就能进行学习，而且这种学习是“移动”的，不管去到哪里都可以反复学习。

在传统教学中，学习者学习的内容是由教师和学校所规定的，而“慕课”教学中学习者可以根据自己的学习兴趣选择学习内容，学习者由被动学习变为主动学习。

3. 从现实的讨论到虚拟的交流

在网络平台中人与人之间的交流具有平等性、匿名性、间接性等特点。在现代社会中，学生在人际交往中首选的方式就是在网络平台中进行，网络平台也逐渐影响着学生的学习方式。学生在网络平台中的学习交流，不再像现实生活中一样面对面的交流。网络平台的交流互动为人们实现了远距离也能沟通的便捷，在空间和时间的限制上有了巨大的突破，是网络发展带来的巨大变化。

网络课程资源丰富且多样化，学生在网络平台学习中能够获取到全球中任何优质的学习资源，学生可以在线上平台虚拟的环境中进行讨论交流，但是现实中的课堂教学并不会因为网络教学的发展被取代，因为现实教学中的人际传播意义是网络教学中无法替代的。

4. 合作学习成为必然

在传统课堂中，教师只能够针对提出问题的学习者进行交流，也因为传统课堂教学时间是固定的，所以并不能够照顾到所有的学习者，学习者之间也不能产生良好的合作。慕课平台针对传统教学这一弊端，提供了很好的交流合作平台，学习者可以在平台中提出自己遇到的困难，向他人提出帮助，也可以邀请教师或其他学习者进行交流，这样不仅使他们学习到了知识，还在学习中得到了交流和合作，增进了师生彼此的互动，这也证实了合作学习会成为教学的必然趋势。

5. 学习成为乐趣

学习者在传统教学中的学习是非常被动的，只是单一地接受教师讲授的知识内容，跟随统一的学习进度，因此造成了一部分同学对学习并不感兴趣。慕课教学的学习形式突破了传统教学的学习模式，慕课教学通过动画、图像、声音等多种方式呈现出优质的教学资源，为学生提供了更好的思考平台。

学习者在选择学习内容时，要根据自己的兴趣爱好，个人能力、自己擅长的学习方式等进行选择，学习者在“慕课”学习中能够充分发挥自己的学习能力、挖掘自身的潜力，让学习成为一种乐趣。学习者只有对学习产生乐趣时，才会使自身投入学习之中，学习能力也会不断提高。

6. 学生参与学习成为可能

以往大学的在线视频公开课一节课在 40 ～ 50 分钟之间，在整堂课中并没有任何师生间的交流互动，学习者只是在电脑或手机前被动地听课。在慕课平台中微课程大多在十分钟左右，甚至有的课程时长更短，这样能让学习者有更高的集中注意力。

慕课教学在学习过后设置了课堂测验和作业，学习者只有通过一节课程中全部的测试后才能进行之后的学习，如果没有通过测验就要重新学习之前的教学内容，直到全部通过为止才能学习之后的内容。慕课教学需要学习者参与全部课程，这也是为了充分调动学习者学习的积极性。

7. 学习方法的影响

正确的学习方法是成功学习的捷径，如果能够在学习中找到正确的学习方法，那么再困难的学习也能够迎刃而解。学生在进入大学生活后，遇到最多的一个问题就是没有正确的学习方法。在大学生活中只有最快适应大学的学习生活，才能够尽快找到学习方法。可见由于个人的适应环境能力的不同，对学习方法也没有统一的规定要求。

①交往性学习的影响。学生在校园学习时，都是以一个集体为单位进行学习活动的，集体的力量在学习中也是不能忽视的一部分。人们在日常生活中，人与人之间会相互交流相互沟通，交往性学习在学习实践中，也是通过彼此的交流，从而达到某种知识、情感、态度等方面的共识，这也休现了交往性学习

在学习过程中对学生的重要性。

②探究性学习的影响。学生在校园学习阶段中要积极参与科研活动，参加科研活动不仅能够让学生加深对学习内容的理解，还能够培养学生的创造力，这种学习方式称之为探究性学习。在探究性学习中，学生能够主动去收集信息，能够分析和判断获取的知识，能够在遇到问题困难时增强自身的思考力和创造力，并且探究性学习还能够培养学神的创新精神和实践能力。

③体验性学习的影响。学生在体验性学习中能够对事物进行反复观察、实践和练习，从中可以获得大量课程以外的知识内容，在体验性学习中能够培养学生的某些行为习惯和生活技能，学生能够进行独立思考，还能够从中体验到自己的一些认知行为活动，体验性学习能够有效地调节学生的学习行为。

④自主性学习的影响。据调查统计，大多数学有所成的学生，都存在一个共同的特性就是能够自主性学习。这类型的学生能够通过各种手段和途径进行学习，并且不是盲目没有目的的学习，而是有选择地去学习，从而得到优秀的学习成绩。独立自主的学习能力能够使学生在学习生活中得到全面发展。

但是，学生只掌握自主性学习方法还是不够的，还要把这种能力转化成学习前进的动力。自主性学习不但能够使学生不断提高自身的学习能力，还能够培养自身的调控能力，并且能够为终身学习打下良好的基础，自主性学习往小方面说是有利于学生自身的发展，往大方面说是适应社会全面发展的需求。

⑤合作性学习的影响。学生在学习的过程中，避免不了要与他人合作完成某些学习活动。在社会赖以生存和发展中，合作是人类生活中一种相互作用的基本形式。合作性学习既能够在一定程度上提高学习的效率，又能够促进学生智力的增长。合作性学习不仅能提高人际交往的能力，同时也有利于树立学生团队合作的意识，促进学生综合素质的全面发展。

总而言之，以上五种新型的学习方法都是把“以人为本”放在首位的，能够充分发挥教师和学生的主动性和创造性，从而激发学生对学习的兴趣，从中能够培养学生独立性思考和独特性思维，有利于提高学生的逻辑思维和创新思维，学生还能够培养自身的动手能力和实践能力。

另一方面，这些学习方法在教学实践中还存在一些弊端，仍需加以完善和改进。例如，在合作性学习中，更多时候只注重了教学的形式而忽视了教学的内容。这些学习方法的关系相互利用又互为他用。

以上五种新型的学习方法有其独特的魅力，传统学习方法也有积极的一面，两者并不能相提并论，如背诵学习内容，这种学习方法是能够让学生在短时间内储存大量知识理论的，传统的学习方法中的听讲、写作业等仍是有效的学习方法，特别是针对自控能力较弱的学生，这些固定的学习方法对他们有一定的约束力，有助于他们完成基本的学习任务。因此，教师在引导学生优化学习方式的过程中，要注意过犹不及的问题。

8. 学习态度的转变

学生学习的态度能够体现学生自身的道德观和价值观，也能在学习态度中反映出学生对学习的情绪和心理。学习态度由三种心理成分构成，分别是认识、情感和意向。这些心理成分能够调节学生的学习过程，能够影响学生以下几种学习态度。

（1）影响学生的学习效果

学习态度的好坏与否不仅会影响学习行为，对学习成绩也会造成一定的影响。积极的学习态度能够促进学生的发展。积极的学习态度能够让学生正确对待学习，课上学习做到注意力集中并且积极发言，课下按时完成布置的作业，科学合理地安排好学习的时间，使学习成为学生生活中的主旋律。但是对于那些对学习并不感兴趣的学生来说，他们在课堂中存在较多的问题，业余生活中也不会考虑任何与学习有关的事情，学习成绩也相对较差。根据上述内容能够看出，学习态度是影响学习效果的直接原因。

（2）影响学生的学习行为

学生的学习态度对学习的行为也有一定的调节作用。一方面，学生的学习态度能够调节学生在学习对象上的选择。曾经有过相关的调查，调查的内容是“除了对所学专业的知识外，课外最喜欢读哪些类型的书籍”，学生容易被自身信念和价值观所影响。由此可见，学生的态度对学习行为有某种过滤作用。

学习态度能够调节学习行为主要表现在学生对学习环境的反映上，其中学习环境也包括人际交往环境、学术环境和实用环境等。当学生在自己喜欢的学习环境中学习时，学习态度自然而然就会端正，这样就能够使学生积极努力地学习，并且会主动利用学习环境作为学习发展的资源。一旦学生因为某种原因对学习环境产生不良态度时，就会出现一些不利于学习的行为，如厌学、逃课等。

（3）影响学生的学习意志

学习是一种有意识、有目的、有理性的主动行为，推动其深入的力量是自身的，意志一旦形成，将成为永恒的内驱力。学生的学习意志离不开学习态度的影响，如果学生有较强的学习意志说明他有良好的学习态度；反之，如果学生的学习意志较弱就说明学生对学习的态度也不够端正。学生如果对所学专业比较感兴趣，就说明学生认为其所学的专业是有意义的，当他们在学习中遇到困难或阻碍时，就会产生一种自我控制的意志去克服困难和阻碍。

如果一名学生拥有较强的学习意志，也就能够说明学生在面对困难和挫折时能够表现出吃苦耐劳、勇往直前的求知精神。相反如果学生对所学专业没什么兴趣，也发现不了学习中的魅力，一旦在学习中遭受挫折，学习的意志力就会降到低点，会表现出对学习失去信息、垂头丧气甚至一蹶不振。而那些对所学专业兴趣一般的学生，对学习表现出的态度也是平平无奇、没有太大的情绪波动。

第二节　慕课模式对我国开放课程的启示

一、慕课在教学中的优势

（一）大规模性

1. 学生规模

慕课教育的产生首先吸引了大批的学生用户，在慕课教学中就学生规模而言，截止到 2013 年，有超过 90 万人注册了 edX，有高达 100 万学生群体用户注册了 Udacity，Coursera 的注册人数更是超过 400 万，在这其中的学生用户来自 196 个国家，其中有 155 万学员注册参与了“Power Searching with Google”。

2. 高校规模

在慕课教育平台中，许多高校也参与其中，Coursera 的合作对象大多数是每年学术排行榜前 5% 的学校。有数据表明，截止 2014 年，加入 Coursera 平台的学校高达 83 所，edX 平台中有 28 所高校加入，其中包括我国的北京大学、清华大学、韩国的首尔国力大学等。

3. 教师规模

当然在慕课教学中更不能缺少教师，在慕课平台中，教师是学生获得知识的主体，因为慕课制作需要大量的教学内容课件，教师还要对已经拍摄好的视频进行后期加工和检查，然后才能够上传到慕课平台中，在慕课平台中教师会根据学生的疑问进行解答，引导学习者完成所有的教学活动，这是一项巨大的“教育工程”，教师的一己之力并非能够涉及全面教学中。

（二）开放性

慕课教学模式的开放性具体表现在以下几个方面。

1. 教学模式的开放

慕课教学模式的开放性体现在慕课在线网络平台中的学习者来自不同国家、不同种族、不同年龄，说着不同的语言，在慕课教学模式中不管什么样的人都能够接受教育，只要是想学习的人，都能在慕课教学中获取知识，这也表明在慕课教育模式中，人们的学习障碍通过互联网平台一一被破除。

2. 教学内容的开放

教学内容也能体现出慕课教学模式的开放性。教师将录制好的教学视频上传到慕课平台中，需要接受来自社会和同行的检验和监督。因而课程质量的好与坏也关乎着教师的个人声誉以及教师所在学校的声誉。杜克大学的罗恩·布莱德在拍摄视频课程期间，针对知识水平参差不齐的学生进行了详细的分析，根据分析的结果不断斟酌自己的教学讲稿，在这一过程中他的教学水平在慕课平台中达到了近十年以来的巅峰，他本人认为他的网络课程比任何授课版本更为严谨。

在慕课教学模式中，学习者享有自由自主的学习权利，没有人能够干涉学习者学习和选择课业的权利，并且学习者还享有退出的权利，如果一个课程退出率过高，就说明这个课程的质量还有待提高，这一机制的出现更能直观地评价一个课程质量的好坏。

3. 教学形式的开放

在慕课教学模式中，学习形式和教学形式也更加开放。科勒是 Coursera 的创始人，他成立 Coursera 平台的初衷就是为了能够让学习者培养主动学习的理念，Coursera 平台中的教学视频时长都在 10 分钟左右，学习者观看完视频教学后还会有课堂小测、课后作业，遇到问题可以进行线上交流讨论等。

4. 教育理念的开放

在慕课教学模式中最能体现出开放性的就是慕课的教育理念。美国哲学家杜威认为，教育中的一切资源浪费都是由于学习和现实之间的隔离造成的。直至今日，各个学校之间或是各个学科之间仍然存在这种隔离。慕课教育模式的出现为当前的教育理念提供了新的思路，慕课教育模式以传递知识公益精神作为主要的教学理念，也为知识的传递提供了更便捷的渠道。

（三）无时空限制

1. 网络平台能够适时更新

无时空限制是指在慕课教学平台中不受时间和空间的限制，教育者能够随时随地将教学内容上传到网络平台上，而学习者也能够随时随地进行课程学习。随着科技的进步和网络技术的发展，视频的上传手段也变得越来越高效，内容形式也变得丰富多样，这也证明了网络平台知识能够适时更新。

2. 改变单向提供资源的弊端

无时空限制对于学习者而言，能够打破传统教学模式中对于学习时间和空间的限制。在慕课教学中只要学习者具备上网条件，就不会受到时空的限制，在学习时可以根据自己的生活节奏兴趣爱好进行教学活动。另外，在慕课教学中，学习者能够根据自身学习的内容得到及时的反馈，这是利用了在线双向交互的特点，这一特点能够为教育者和学习者构建互动的桥梁。与早期其他线上教学课程相比，慕课教育改变了以往网络课程单向提供教学资源的弊端。

3. 有利于提高学习质量

无时空限制还可以通过大数据技术的支持准确地了解学习者的学习过程，大数据技术能够跟踪学习者的学习进度，能够正确掌握学习者的学习情况，能够探索出学习者的学习和认知规律。教育者可以在慕课平台中心，通过数据资料的汇总，分析出学习者对不同知识点的反应，能够发现学习者在哪些知识点中还存在问题，进而教育者会对其进行深入的研究，并在研究中得出数据进行总结，这也有助于提高学习者的学习质量。

（四）以学生为本

1. 强调翻转课堂

慕课教学模式更加强调翻转课堂这种课程体裁。翻转课堂是为了让学习者将课内外的教学时间进行重新的规划。在翻转课堂中，更加提倡让学习者在线上、线下能够自行学习教师预讲的教学内容，也就是所谓的“预习”，但是这种“预习”是指更加整体性的“预习”。在翻转课堂中，学习者遇到学习疑问时能够及时提问，这一功能代替了传统课堂中教师为学习者布置作业的学习方式，其中教育者能对学习者的疑问及时进行答疑解惑，而这一功能又代替了在传统课堂中教师讲授知识的学习方式。在传统课堂中教育者掌握着学习者接受知识的主导地位，而翻转课堂把学习的主导权交给了学习者，这也体现了学习者能够“学本位”的学习。

2. 强调重组课程的内容

慕课教育平台中包含了各个学科的教育资料，这都是由各学科专业领域的权威教育者编织上传的，但是这些资料设计之初未必相互关联，之后经过教育者根据教学框架的逻辑和意义进行重新排列后，能够作为单独的学习单元，以此形成学习的单元集，这也体现出了慕课教学模式强调重组课程内容。

3. 强调众包交互的课程学习方式

学习者在慕课平台中不仅能够学习知识，还能在遇到问题时在论坛中进行提问，与其他学习者展开讨论，共同解决问题，这样学习者在慕课平台中不仅能够在线上作为提问者，也能够作为回答问题的人，能使这些学习者在现实或虚拟的社区中进行互帮互助。学习者在慕课平台中进行的学习互动远比在传统课堂中收获的要多很多。同时这种互包交互的课程学习方式，可以帮助学习者建立主动性学习的习惯。

4. 创新了课程评价方式

研究表明，在慕课教育模式中，学习者之间相互批改作业与传统课堂中教师为学习者批改作业的分数几乎相同，也就说明在适当的管理下，学习者之间互评作业也是一种相对有效的课程测评策略。随着网络技术的不断完善，慕课平台也能够满足多种复杂不一的作业评阅，这表明慕课教学模式对于课程评价的方式也进行了创新。

（五）高效率

在教育界，“大数据”成为人们关注的焦点。目前教育者关注的焦点主要是学习者学习的核心过程。大数据技术在教育界中得到了普遍应用，教育者根据得到的各项数据对学习者问题进行合理的分析，以研究出对学习者有针对性的学习策略。

学习者在慕课教育模式中学习，能够在慕课平台中呈现出大量的学习数据，这些数据为教育者和平台的管理者提供了海量样本，他们会根据这些数据进行深入的挖掘和分析，能够在数据中发现学习者的学习行为和学习规律。

二、教育管理模式的创新

（一）“管理”的创新

随着时代的发展，创业团队在管理的基础上具有更加鲜明的生命力，他们既要全面审视当前网络教育模式新的发展方向，还要找到与教学相关的各方面合作伙伴，然后构建出强大的网络在线教育联盟。这一运行模式和传统封闭的教育运行模式完全不同，我国高校管理层之间对于教育合作表现出谨小慎微的态度，在对慕课教育进行全面分析后才能制定出符合新时期的运维模式。

团队组成模式的创新使平台的管理模式与传统高校大相径庭。机构不需要再负担制作过程产生的费用，高昂的视频制作成本、师资授课成本由专门的制作团队承担。不得不说，平台式的合作方式更适合现在的创新创业模式，该合作方式能够给管理机构更多空间，不管是商业模式还是非营利性的模式，广阔的空间意味着更强大的生命力。

（二）“教”的创新

在传统教育中“教”的过程是由教师一人完成的，教师负责所有的教学过程，如布置作业、作业批改、监督考试等，只有收缴作业是可以分担给学习者的事情，而在慕课教育中“教”已经不再是教师一个人的任务。

在慕课教育时代的今天，“教”是一个需要教学团队共同完成的，在慕课教育中“教”包含了拍摄高质量教学视频，进行在线问题讲解、对学习者的学习进行分析等。教师在慕课教育中仍是课程的灵魂，但是教师可以不用把大量的精力放在教学内容中了，因为在慕课教学中学生上课管理、教学设施等这些教学的基本条件都是由平台完成的；而视频的录制、后期制作等有的也是由视频制作团队帮助完成的。如果把慕课教学中的一门课程比作是一部电影的拍摄，那么教师担任的就是导演和演员的职责，而慕课平台担任的就是拍摄、制作和后期辅助工作等。

（三）“学”的创新

学习者在慕课教学中的学习过程发生了极大的转变，因为学习者仅仅借助平台系统注册账户，就能根据自身的学习需要找到适合自己的课程，学习者只需要花几分钟的时间就可以免费体验到世界各大名校的精品课程。

慕课教学中学习时间和地点的自由性是受到大量学习者追捧的重点所在，对于在校学生而言，传统教学中上课时间和地点的固定对他们来说是习以为常的事情；但对于那些已经不在上学的学习者而言，很难抽出固定的时间去学习，因为大多数人白天在工作，只能选择晚上或周末进行学习。

所以慕课教育能够使想要学习的学习者随时随地地学习，不会受到时间和空间的限制，慕课平台中的教学视频一堂课的时间在 20 分钟左右，学习者在任何地点都能进行学习，而且可以随时暂停视频。此外，移动互联网技术的应用也标志着慕课进入了移动互联时代，很多平台都推出了自己的 App 客户端，其功能和电脑客户端完全一致，学习者在手机上就能进行学习。

（四）“教”“学”“管理”创新的融合沟通

在慕课教育中“教”“学”“管理”这些因素都不能够单独存在，需要相互联系相互影响，才能构成整个教育体现。

慕课教学具有前瞻性和补充性，学习者在合理的监管体系下学习，慕课教学能够使学习者开阔视野，提高自主性学习能力；慕课以视频的教学形式呈现，能够为课堂增添活力，有利于学生对学习产生积极性和创造性。

慕课教学相较于传统教学发生了许多变化，其中慕课教学根据科技的发展运用了许多信息化技术。相较于传统教学，学习者在慕课教学中有更高的参与度，其中在慕课平台的学习者大多是“90”后，他们有着更强的互动性。

“翻转课堂”和“微课”是慕课在网络教育发展过程中的产物，它们的出现颠覆了传统课堂“教师传授知识”的教学模式。在翻转课堂和微课的教学模式中，教师发现学习者能够在课堂中积极表达自己的意见，使课堂氛围变得热闹融洽，这种教学模式能够培养学习者积极参与学习的能力。慕课教育以学生为“主导”地位，以培养学生的学习能力为核心。

“教”的好坏可以反映出教师的教学水准，一名教师“教”的质量越高，那么学习者“学”的效果就越好，学习者也会越来越努力地“学”，而学习者能够积极主动地学习会让教师有更高的成就感，“教学”自古以来就缺一不可，在慕课教育中，教师和学习者是不需要见面，就能进行沟通交流的。

在“管理”过程中，“教”应该根据教学的相应管理规则，在提供教学课程时还应不断提高课程的水准。慕课平台中有大量优秀的教学团队和学习者的加入，促进了平台更广阔的发展，教学内容是直接影响平台用户量的关键所在，同时用户的数量也影响着平台的发展。

（五）高度信息化

慕课教育得益于网络信息化的高度发展，与传统教学相比，慕课教学体系更为高效生动。网络工程师将人性化设计运用到慕课教学平台中，操作简单便捷，不需要学习者有多高的计算机技能就可以进行学习，为了让学习者能够更科学地学习，工程师还不断地为平台设计了更多新的功能，这在一定程度上帮助学习者节省了时间，同时保障了平台能够稳定运行。

慕课平台中更加智能化的体现是，能够自动进行统计、管理和分配等工作，如学生申请课程、课程管理、在线测验、阅卷打分等全都是由信息系统完成的，这类工作不再需要人工统计，全部由计算机系统进行数据处理，平台的管理人员只需要处理异常情况，这极大提高了团队教学的管理，这个效果也随着平台学习人数的增加更为显著。

调查结果表明，Coursera 平台在 2015 年最受欢迎的一门学科是“如何运用正确的思维方式学习困难的科目”，在该平台注册学习的用户超过 120 万人，但是最后只有 15 万人通过了课程测试。因此，网络信息化的发展为管理模式提供了更多可能。

第三节　后慕课时代高校博雅课程教学模式分析

一、高校博雅课程传统教学模式的优劣势分析

博雅教育是专业教育的基础，并和专业教育一起构成培养人才的基础。它对提升学生人文素养与综合素质具有重要促进作用。目前，高校开展博雅教育基本是通过教师课堂教授博雅课程（也称“通识课程”）的方式得以实施的，课程性质主要以公共必修课或者选修课为主。通过深入分析高校博雅课程的传统教学模式，我们认为其存在以下优势：

一是，传统课堂教学能够促进师生的互动交流；

二是，课堂教学具备良好的知识直观效果；

三是，学生之间能够密切协作和互相帮助。

但是，由于目前博雅课程在整个专业课程体系中地位不高，因而往往难以引起师生的充分重视，在传统课堂教学模式中仍然存在一些问题，如教师对选修课程教学准备不够充分，学生学习选修课程的积极性较低，并且课程的考核

评价体系相对简单，所以博雅课程教学难以取得理想的教学效果。因此高校博雅教育的质量难以取得预期成效，未能从根本上促进大学生人文素养与综合素质的有效提升。

二、后慕课给博雅课程教学模式变革带来新机遇

慕课的迅速发展给高等教育带来了深远的影响，对传统教学模式与学习方式变革具有积极促进作用。慕课的优势是课程内容优质丰富、免费开放，能够体现学习者的主体地位，因而深受在校大学生的喜爱。慕课课程设计也逐渐体现出对学习者个性化学习方式的支持，主要以课程前测和问卷调查为主了解学习者的学习目标和学习计划，并设置不同层次的完成要求。

在 Audacity，Courser、edX 三大主流学习平台和中国的大学慕课学习平台中有大量的博雅类在线课程资源，学生可以随时随地选择自己感兴趣的课程进行学习。这也给高校开展博雅教育带来了新的启示，要提升博雅课程的教学效果，可以合理利用目前丰富优质的慕课课程资源：一方面鼓励学生直接学习慕课平台中提供的课程；另一方面设计开发符合本校特色的在线开放课程资源，供教师教学或者学生学习使用。例如，我国目前有多所著名高校已经加入慕课建设中，它们正在尝试对学生学习在线开放课程实行学分认证或者学分互认，这是一项很有实际意义的教育实践探索。

现代博雅教育是为培养学生的学习欲望，训练批判性思维、有效交际以及公民义务的能力而建立的高等教育体制。它的特色是有一套灵活的课程允许学生自主选择，要求学习不仅要有深度还要有广度。博雅课程通常以人文素养、艺术类课程为主，课程的学习方式可以学生自主学习为主，因而适合开设在慕课平台中。

随着慕课的后续发展与不断完善，SPOC 在线学习新样式的出现为高校开展博雅课程教学带来了新途径。高校可以自主建设本校的 SPOC 课程，让学生在校园内运用“线上学习、线下讨论”的翻转课堂方式来学习博雅课程，同时充分调动师生的主观能动性，从教学模式和学习方式上对传统博雅课程教学方式进行革新，以实现从根本上提升高校博雅课程教学效果的目的。

第七章　校本特色的专业教学资源库建设与应用

教学资源库建设工作主要分两部分：一是，建立教学资源库管理平台；二是，收集、整理、制作学科资源素材。围绕第一课堂（校内课堂）、第二课堂（校内平台）及第三课堂（校外课堂）的内在以及相互间的建设需求，充分利用多媒体与网络技术，将课程教学中的重点、难点、经典例题、操作要点等，制作成 PPT、小视频等多媒体素材，为慕课、微课等现代教学方式提供资源基础。教学资源库平台将各类型素材资源进行有效管理与应用，将教与学、理论与实践有机地联系起来，为三类课堂提供了强大的现代技术和丰富的教学资源支撑，从而有效地提高了教学效果。本章分为平台需求分析与系统设计、专业核心课程与特色课程的教学资源库建设、慕课与微课资源库三部分。主要内容包括需求分析、系统设计与实现、专业教学基础资源库、专业实践综合资源库、智能算法教学资源库、MOOC 资源设计与使用、微课资源设计与应用等方面。

第一节　平台需求分析与系统设计

一、需求分析

需求分析是对目标系统提出完整、准确、清晰、具体的要求。教学资源库的需求调研从教师、学生的教学和学习的实际需求出发，充分考虑教学资源的开放性、共享性及对《教育部教育资源建设技术规范》的兼容性，经过多次分析、论证，形成了具体的资源库建设需求，包含总体需求、功能需求及非功能需求。

（一）总体需求

教学资源库建设应满足教师、学生和管理者通过网络方式进行多门课程的多类型教学资源的管理、学习的需要。

（二）功能需求

①教师可以利用平台完成各课程的备课、授课、课后辅导以及和学生交流互动，能与其他教师共享电子教案和课件；能方便地管理、查询、引用教学资源库中的素材资源；能以多种形式向学生展示相关知识点；能布置练习、作业，与学生互动交流，答疑与辅导；能掌握学生学习轨迹与学习行为习惯。

②学生可以利用平台预习课程，学习课件、教案和参考材料；能直观有效地学习课程知识点；能利用平台进行复习、练习，与教师以及其他同学进行互动交流。

③管理者能方便地进行系统管理与维护，对用户、权限、操作日志、系统备份进行管理；能利用平台对资源的索引、编制、发布、修订、删除、传输、审核、检索、统计进行处理。

（三）非功能需求

①要求平台界面清晰、简洁、一致，并支持移动浏览方式。

②要求平台稳定、可靠运行，并具有一定的技术先进性、安全性、兼容性、快速响应性。

二、系统设计与实现

（一）系统总体设计

教学资源库平台是一个能集教师备课、授课，师生互动，教学资源管理，系统管理等功能于一体的数字化教学支撑平台。平台的框架设计如图 7-1 所示。

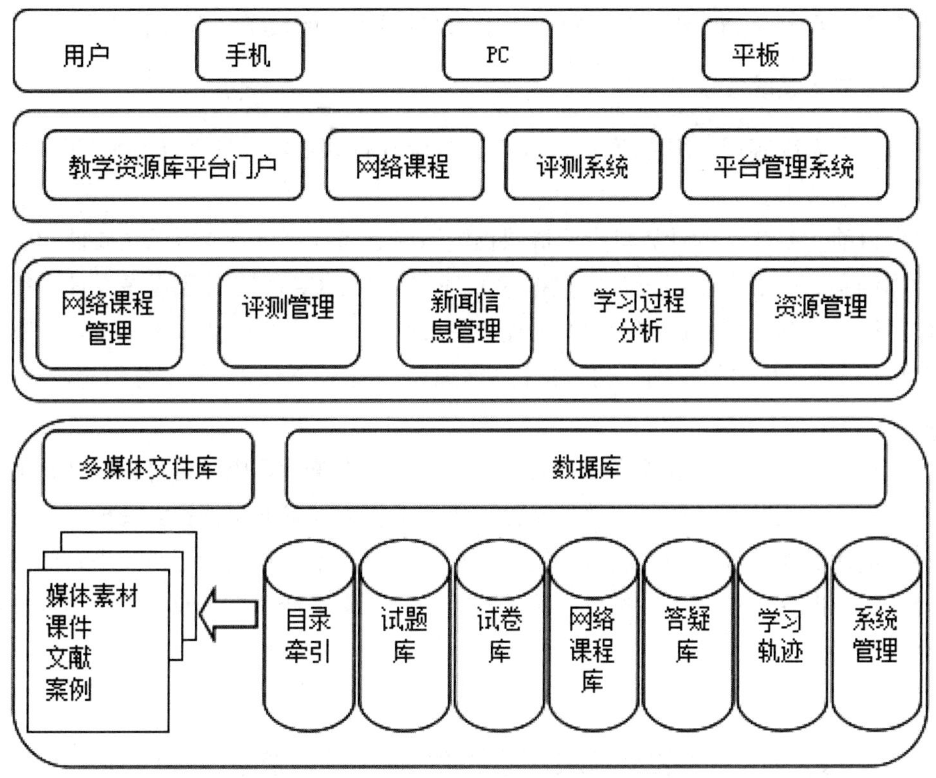

图 7-1　教学资源库总体框架

教学资源库平台主要分为以下三层。

1. 数据资源层

参考《教育部教育资源建设技术规范》中的分类，将媒体素材、试题库、试卷、课件、案例、文献、网络课程、答疑库、目录索引以及学习轨迹进行数据化处理与存储，形成多媒体文件库以及资源数据库，其中多媒体文件库由于需要占用较大的存储空间，应使用专门的文件存储系统。

2. 业务功能层

采用模块化设计，模块之间相对独立，可根据需要添加新的模块。业务功能层主要分为网络课程管理、评测管理、新闻信息管理、学习过程分析、资源管理和系统管理。

3. 应用层

在业务功能层的基础上，开发教学资源平台网站、网络课程、评测系统、平台管理系统等 PC 端、移动端的应用，以满足师生的教学、学习活动需求。

（二）系统实现

平台系统实现采用主流的 JavaEE 中的 SSH 框架技术，结合 Html5、JQuery 等移动端技术。

目前主要建设的计算机专业群课程资源库涵盖计算机专业群的主要课程：数据结构、C 语言程序设计、数据库原理与实践、C# 面向对象程序设计、操作系统、计算机组成原理、软件工程、高级网页设计、软件测试技术、Java 程序设计、计算机网络基础、ASP.NET 网络编程、JSP 网络编程、算法分析与设计、离散数学。

通过两年的教学资源库平台的建设，形成了支撑计算机专业群核心课程的综合平台，规范了各种实训教学流程，建立了较为丰富的文档资源及模板，并逐步应用到相关课程中，取得了较好的教学实践效果。我们希望在此平台的支撑下，不断完善资源库，规范相关教学活动，从而将计算机类专业教学引入一个新阶段。

第二节　专业核心课程与特色课程的教学资源库建设

一、专业教学基础资源库

教学基础资源库，主要体现为教学大纲（包括各章的学习要求、重点、难点、学习时间安排等）、教学内容的课件、相关参考文献资料、自测及课试题库（包含单选、多选、判断、填空等多种题型）、案例、微课视频或动画。下面以四门核心课程为例说明教学基础资源库的建设情况。

（一）教学基础资源库实例 1

1. 课程描述

①课程名称：软件工程。

②知识点：建立对象模型。

③素材的问题描述：王大夫在小镇上开了一家牙科诊所，他有一个牙科助手、一个牙科保健员和一个接待员，他需要一个软件系统来管理预约。

当病人打电话来预约时，接待员将查阅预约登记表，如果病人申请的就诊时间与已定下的预约时间冲突，则接待员建议一个就诊时间以安排病人尽早得到诊治。如果病人同意建议的就诊时间，接待员将输入约定时间来就诊的病人的名字，系统将核实病人的名字并提供记录的病人数据，数据包括病人的病历号等。在每次治疗后，助手或保健员将标记相应的预约诊治已经完成，如果必要的话，会安排病人下一次再来。系统能够按病人姓名和日期进行查询，能够显示记录病人数据和预约信息。接待员可以取消预约，可以打印出前两天预约尚未接诊的病人清单。系统可以从病人记录中获知病人的电话号码。接待员还可以打印出关于所有病人每天或每周的工作安排。

2. 素材参考解答

（1）首先分析系统的对象

系统的功能主要是管理病人的预约，并不关心诊所内每名员工的分工，所以医生、助手、接待员均不是对象，“小镇”是诊所的地址属性，不是独立对象；“软件系统”和“系统”是同义词，指的是将要开发系统的软件产品，也不是对象；“就诊时间”“预约时间”和“约定时间”都是指就诊时间，是登记表中的属性，不是对象，“名字”和“姓名”是同义词，作为病人和预约表的属性，“记录的病人数据”实际上就是“病人记录”，统一使用“病人记录”作为对象名；“病历号”和“电话号码”是病人记录的属性，不是独立的对象；“病人清单”是已预约但尚未就诊的病人名单，应该包含病人姓名、预约的就诊时间等内容，它和“预约信息”包含的内容基本相同，保留“病人清单”作为问题域中的对象。

（2）分析问题域中对象彼此间的关系

“每天工作安排”和“每周工作安排”有许多共同点，可以从它们泛化出一个父类“工作安排”。此外，问题域的对象之间还有下述关联关系；牙科诊所诊治多位病人；一位病人有一份病人记录；一位病人可能预约多次，也可能一次也没预约，牙科诊所在一段时间内将打印出多份病人清单；牙科诊所开业以来已经建立了多份预约登记表；表中记录了多位病人预约，根据预约表在不同时间可以制定出不同的工作安排。

素材如图 7-2 所示。

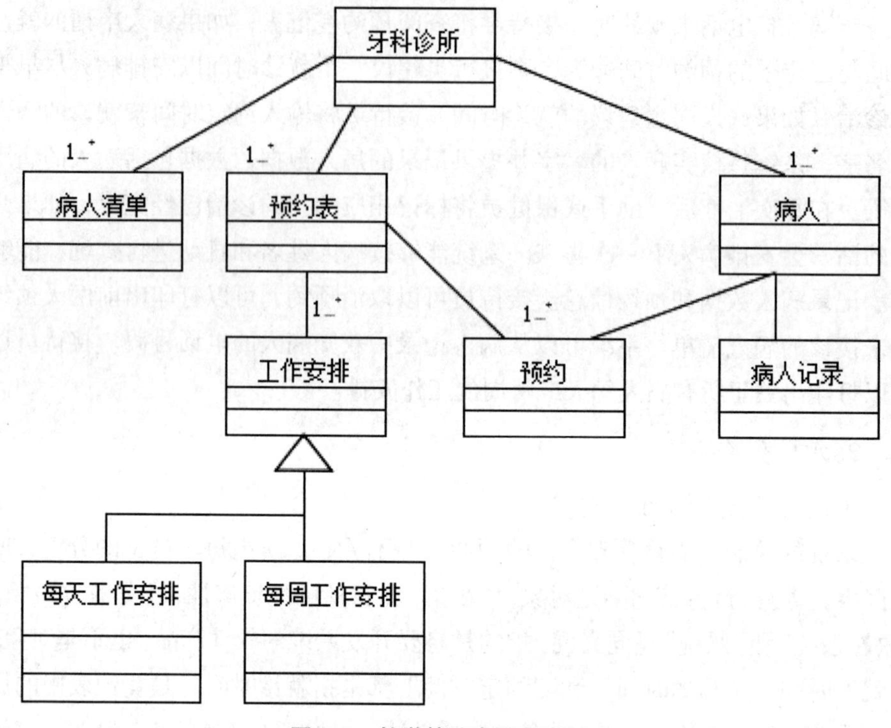

图 7-2　教学基础资源库素材 1

（二）教学基础资源库实例 2

1. 课程描述

①课程名称：数据结构。

②知识点：堆排序——构建初始堆。

③素材名称：堆排序——构建初始堆过程动画。

④素材技术：Flash。

⑤素材来源：自制。

⑥目的：利用动画演示堆排序中的重要过程——初始化堆，让学生更为直观地理解从一个未排序的数组到较为有序的初始化堆的过程的中间步骤，并理解筛运算操作过程。素材如图 7-3 ～图 7-5 所示。

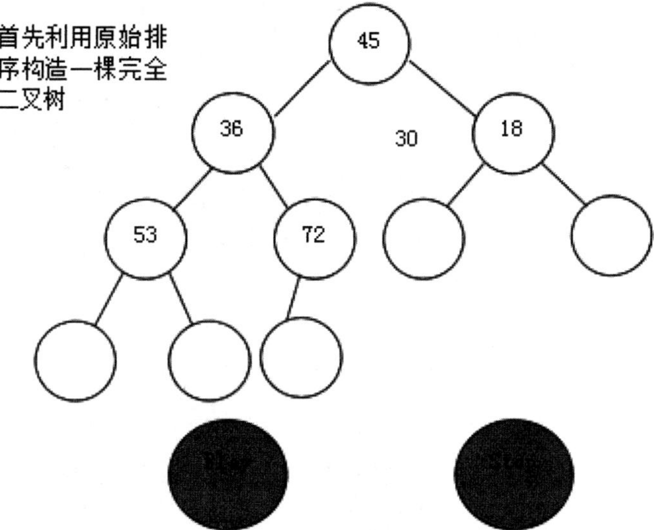

图 7-3　教学基础资源库素材 2

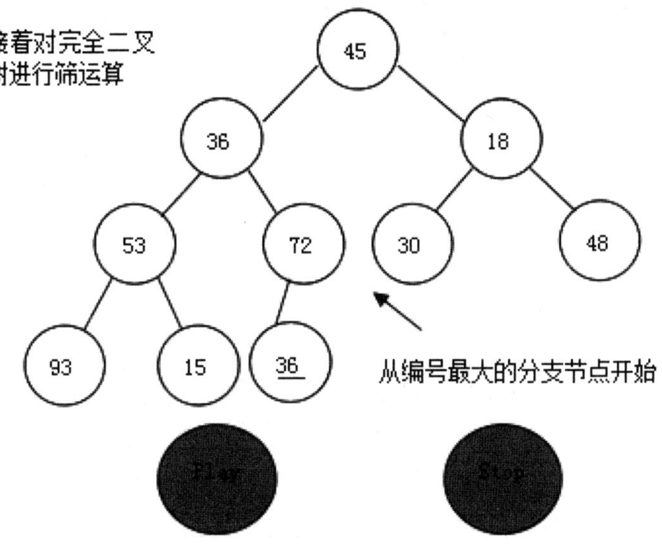

图 7-4　教学基础资源库素材 3

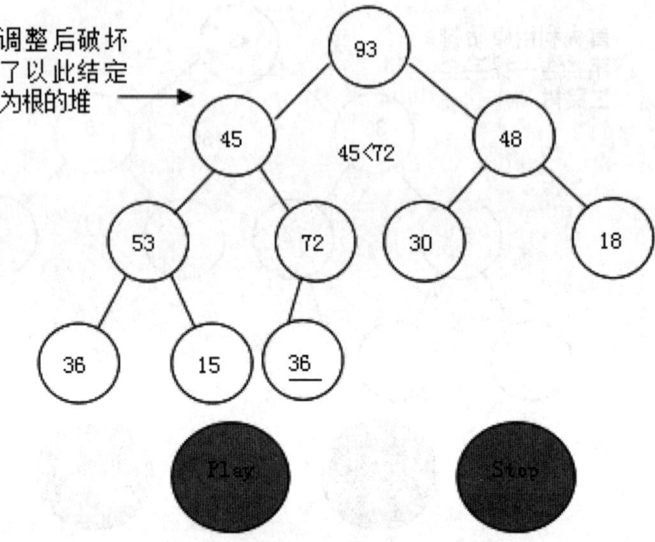

图 7-5　教学基础资源库素材 4

2. 教学效果

将动画做成微课，学生除可以在课堂演示中学习外，还可以通过课后的再次学习，加深对堆排序的理解。经过测试与练习测试考查，大部分学生对堆排序算法的设计与实现达到掌握的程度。

（三）教学基础资源库实例 3

1. 课程描述

①课程名称：数据结构。

②知识点：图——深度优先遍历。

③素材名称：图的深度优先遍历动态演示。

④素材来源：zh.visualgo.net 数据结构与算法动态视化网站。

⑤目的：利用可交互的动态网页对任意设计的“图”结构进行遍历，以动画演示的模式，让学生更为直观地理解并掌握从某个指定的起点开始，对“图”进行深度优先遍历时结点的访问顺序及操作过程。

2. 素材参考解答

①以 0 号结点为起点的深度优先遍历第一步，如图 7-6 所示。

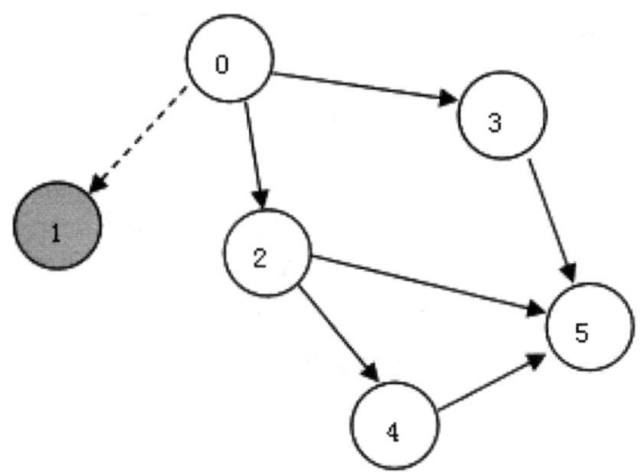

图 7-6　教学基础资源库素材 5

②以 0 号结点为起点的深度优先遍历第二步，如图 7-7 所示。

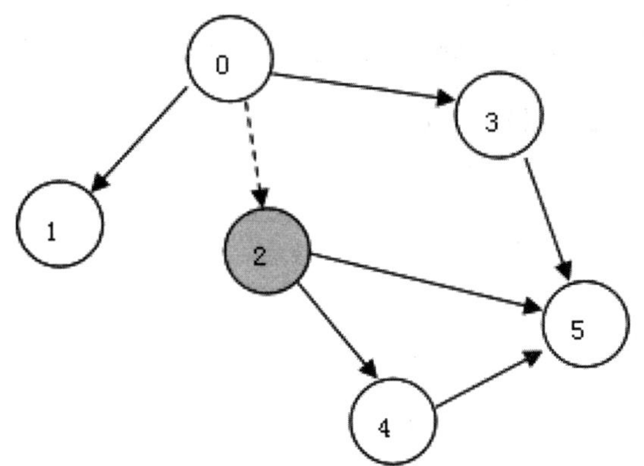

图 7-7　教学基础资源库素材 6

③以 0 号结点为起点的深度优先遍历第三步，如图 7-8 所示。

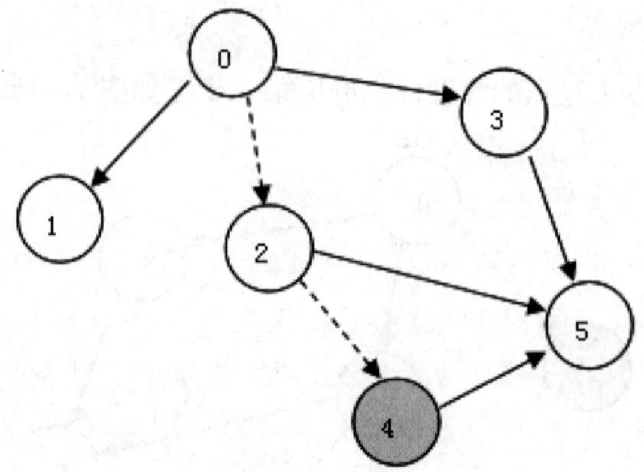

图 7-8　教学基础资源库素材 7

3. 教学效果

通过可视化的交互平台，将遍历算法的操作过程以动画的方式进行展示，既生动又形象，学生兴趣深厚。该教学辅助网站除可以在课堂演示中学习外，还可在课后由学生再次进行自主学习，有利于学生加深对图的遍历算法的理解。除此之外，平台配套的“训练测试”也让学生可以对所学知识进行巩固。

（四）教学基础资源库实例 4

1. 课程描述

①课程名称：软件工程。

②知识点：建立系统用例图。

③素材的问题描述：王大夫在小镇上开了一家牙科诊所，他有一个牙科助手、一个牙科保健员和一个接待员，他需要一个软件系统来管理预约。

2. 素材参考解答

用例图从用户角度描述系统的功能，它必须包含用户关心的所有关键功能，用户通常就是用例图中的行为者，为了画出系统的用例图，首先应该找出系统的用户，然后根据用户对系统功能的需求确定用例。该系统的用例图如图 7-9 所示。

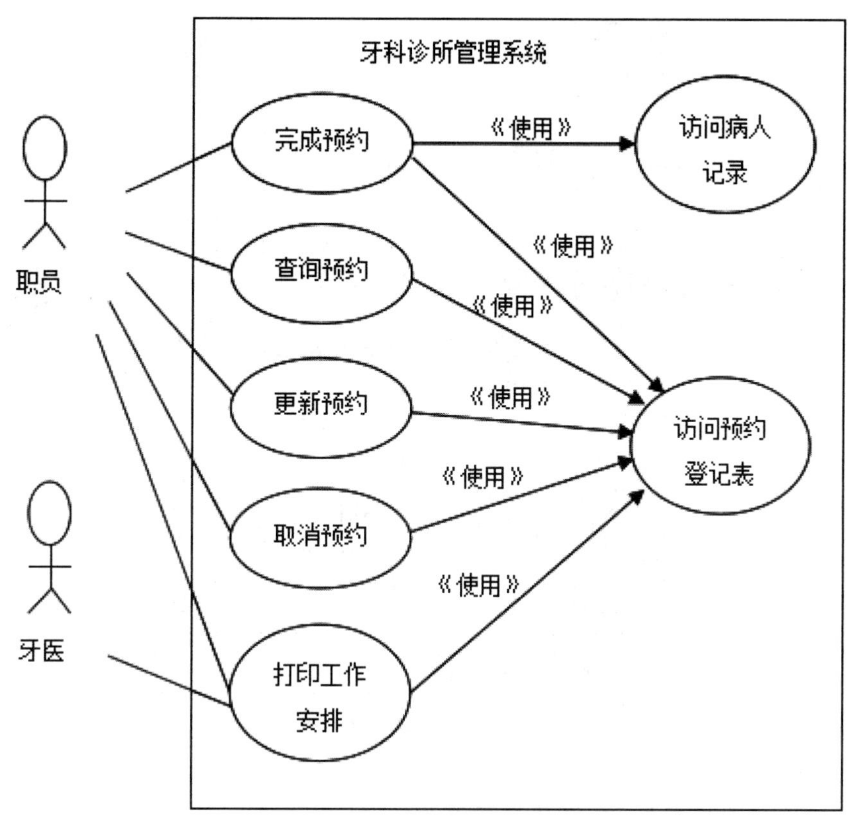

图 7-9　教学基础资源库素材 8

二、专业实践综合资源库

专业实践综合资源库主要体现各课程的综合实训资源，它不仅将本课程的主要知识进行综合，还特别侧重于与相关课程的结合实训，以达到让学生对所学的专业知识不断巩固、不断提升的目的。

下面以核心课程为例说明专业实践综合资源库的建设情况。

（一）高级语言程序设计（C 语言）与数据结构综合课程设计资源实例

C 语言和数据结构综合课程设计题库建设（以管理系统的实现为例）理念：充分挖掘各课程之间的前驱后继关系，结合学生的认知程度，设计课程设计的框架，使得各课程的知识要点能实际落实到课程设计的题目上，并为下一门课程的综合实验奠定基础，使得相关性较大的课程综合实验具有明显的延续性。

素材如图 7-10 所示。

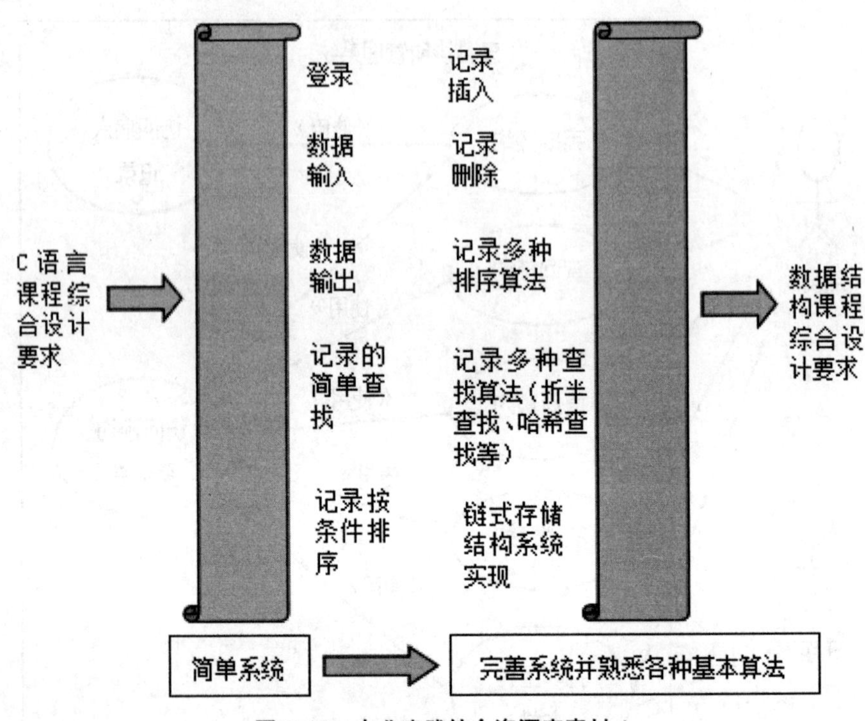

图 7-10　专业实践综合资源库素材 1

1. 专业实践题目 1：学生成绩管理

（1）问题

实现一个简单学生成绩管理系统。学生信息包括姓名、成绩。

（2）功能说明

第一，成绩录入，按指定人数（不少于 10 人）输入一批学生的姓名和某门课程成绩（要求：有一定的容错能力，即成绩只能在 0 ～ 100 分）。

第二，成绩排名，按从高分到低分列出学生姓名和成绩信息。

第三，求出该课程的最高分、最低分，并求出全体学生的课程平均成绩。

第四，查成绩，输入一个学生姓名，输出他的成绩，并根据分数段给出等级评价（90 ～ 100 分：优秀；75 ～ 89 分：良好；60 ～ 74 分：中等；60 分以下：不及格），若不存在则输出“查无此人”。

第五，不及格名单，列出成绩低于 60 分的学生名单。

（3）要求

用菜单的方式控制执行各项功能；以上五项功能完成后返回菜单（可继续运行程序选择其他选项）。

2. 专业实践题目 2：图书信息管理

（1）问题

实现一个简单的图书信息管理系统，功能包括添加、查询和统计操作。

（2）功能说明

第一，图书信息包括书号、书名、作者、出版社、价格。

第二，可以按书号或书名对图书进行查询，即输入书号（或书名），输出该图书的信息。

第三，可以按出版社分别统计出图书的数量，并按数量从高到低排序输出。

（3）要求

第一，以磁盘文件（*. txt）的形式保存图书信息。

第二，以菜单的方式实现本管理程序，菜单项应包括：①添加图书；②按号查询；③按名查询；④统计；⑤退出程序。其中，①～④功能可反复执行。

3. 专业实践题目 3：小超市商品管理

（1）问题描述

小超市的商品信息包括：商品编号、商品名称、单价、数量。

（2）实现功能

①商品信息添加入库存表。

②商品销售：将卖出的商品的编号及数量登记入销售表，并更新原库存表的数量。注意数量为 0 的商品不能销售。

③查询统计出某商品的销售总额（单价 × 数量）。

④进货提示：显示出库存数量为 0 的商品。

（3）要求

以菜单的方式操作以上功能，各项功能完成后返回菜单。

（二）数据库原理及应用和 C# 面向对象程序设计综合课程设计资源实例

数据库原理及应用和 C# 面向对象程序设计综合课程设计题库建设（以基于. NET 平台的信息管理系统的实现为例）理念：注重计算机课程知识的延展，充分挖掘这两门课程之间的关联，结合学生的认知程度，设计课程知识框架，使得各课程的知识要点能落实到课程设计的题目上，并为下一门课程的综合实验奠定基础，使得相关性较大的课程综合实验具有明显的延续性。

素材如图 7-11 所示。

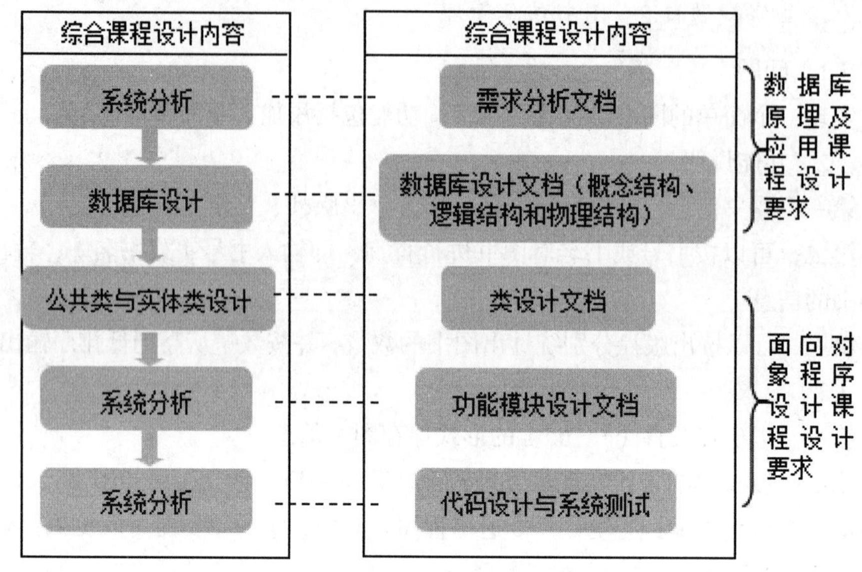

图 7-11 专业实践综合资源库素材 2

（三）软件工程综合课程设计资源实例

①基本目的: 使学生把信息系统分析与设计的基本原理和技术应用于实践，强化学生规范化系统开发思想和开发方法与工具的掌握。

②实验环境：文档制作工具为 WORD、EXCEL、VISIO、EA 等，建议用 EA 建模，编程环境建议为 JavaEE、. NET。

③实践实训要求：每班分为 3 ～ 4 个小组，每组从题目库中任选一题，也可自选题目作为课程实践题目。每组指定一名组长，负责分工、协调等管理工作。

第一，项目开发过程建议采用快速原型与增量开发相结合的模式，在基本明确需求的情况下建立系统整体原型供需求的讨论和确定，在需求和系统架构确定后，各自对所分配子系统进行逻辑建模与设计开发。开发方式要求采用面向对象方法。

第二，实践实训内容包括进行系统策划、系统分析、系统设计、系统原型实现。各组全体成员共同协商进行系统策划，定义系统目标与功能，划分系统功能结构，分析可行性。然后每个成员就一个子系统进行分析与设计，设计过程中要考虑系统方案的整合，最后按系统整体设计方案实现系统原型。

第三，实践实训报告要求包括可行性分析报告、需求规格说明书、设计规格说明书。全组文档格式、内容参照附件中的模板，最后要提交一份完整的实验报告（电子版）。

三、智能算法教学资源库

结合大数据背景下数据处理人才的培养，将常见的经典数据处理算法（如回归分析）和经典的人工智能、数据挖掘算法（如K均值、GA）等算法模型以模块方式，用面向对象程序设计语言实现，供学有余力、对计算机科学兴趣浓厚的学生进一步学习。

（一）智能算法教学资源实例1

智能算法模型库如图7-12所示。

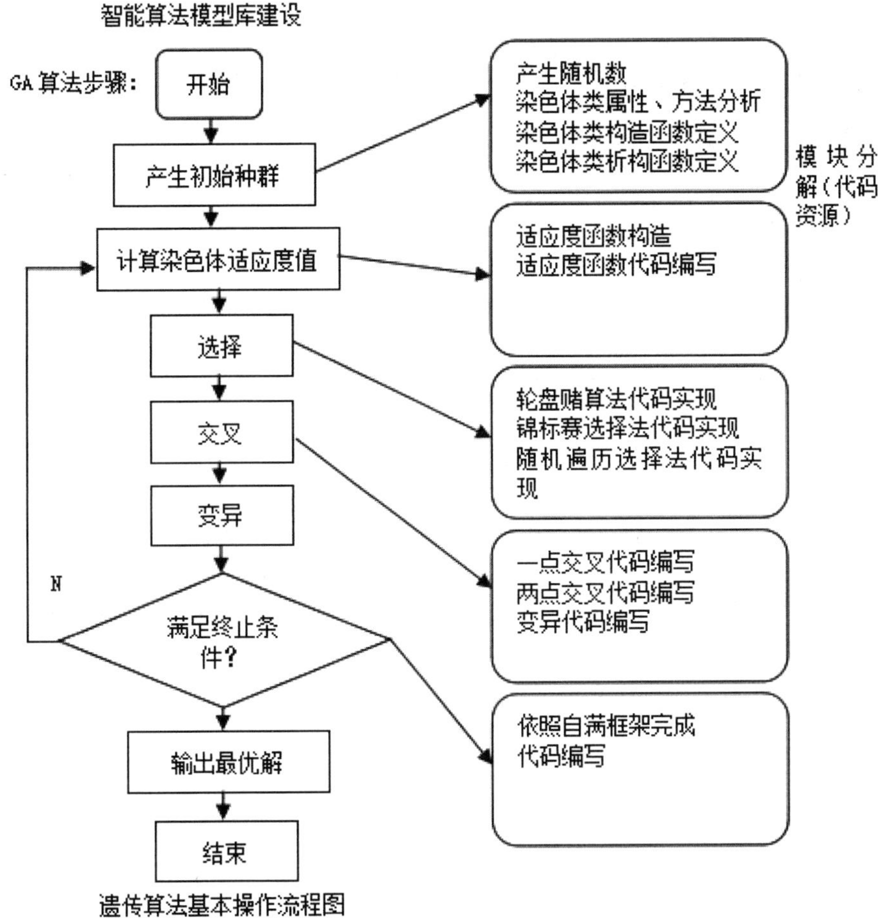

图7-12　专业实践综合资源库——智能算法模型库

（二）智能算法教学资源实例 2

EGP 算法过程如图 7-13 所示。

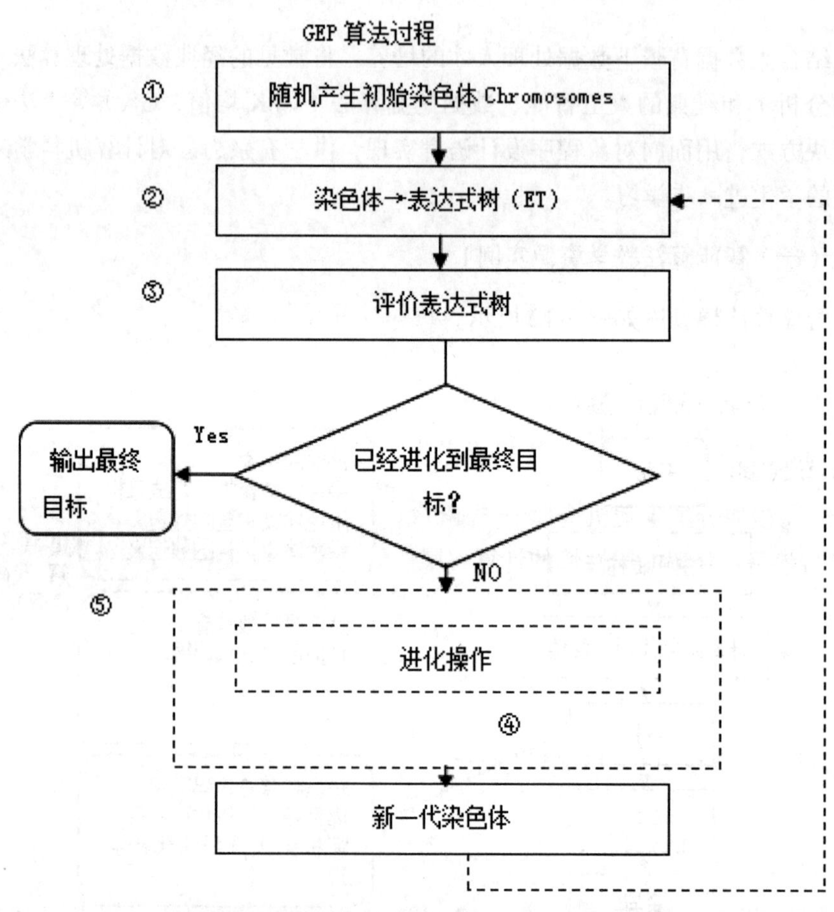

图 7-13　专业实践综合资源库——GEP 算法过程

④步骤分解为：选择算子（轮盘堵选择、竞赛选择等）、交叉算子（1 点交叉、2 点交叉）、变异算子。

⑤步骤分解为：生成文件，写文件操作。

（三）智能算法教学资源实例 3

决策树如图 7-14 所示。

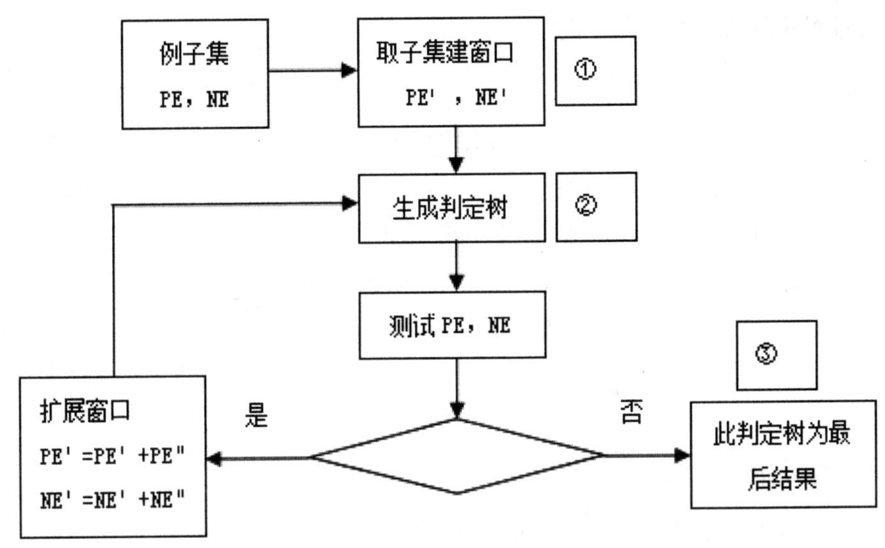

图 7-14　专业实践综合资源库——决策树

①模块分解：随机选择——随机数的产生；构建子集——创建线性表。

②模块分解：属性熵的计算，属性信息增益的计算，选属性信息增益最大值（求最大值算法），求属性值相同的例子（创建线性表），构造判定树（树的递归创建算法）。

③输出结果：文件操作。

第三节　慕课与微课资源库

一、慕课资源设计与使用

（一）慕课课程的设计

为了保障慕课顺利开展，慕课的设计主要有团队组建、课程内容与结构分析、教学策略制定、慕课风格、教学内容与素材准备、慕课的录制等环节。

1. 慕课课程设计团队的组建

开设一门慕课，特别是面向本校专业学生的 SPOC，首先要确定课程的设计团队，团队成员应当包括课程责任人、学科课程专家顾问、若干主讲教师、教学设计师以及课程制作组员等。团队实行课程责任人负责制，并制定定期开展面对面的慕课建设研究的机制。

2. 课程内容与结构分析

慕课设计首先要确定课程的内容与结构、教学目标等，而这些内容要与传统的课堂教学的课程区别开来，以适合网络化教学。在分析梳理课程结构与内容时，课程团队通过“世界咖啡”的讨论形式，并结合运用思维导图工具进行，这是比较好的方法。课程团队通过思维导图能进一步梳理课程知识框架，理清关键知识点、学习目标层次、相关教学案例以及各个知识点的关系，有针对性地指导课程的进度安排。在慕课的设计与运行过程中，课程结构要根据教学的效果进行调整与修改。

3. 课程教学策略的制定

课程团队在设计慕课时，特别是设计针对本校师生的 SPOC 时，不仅要考虑如何使用慕课方式将基础的教学内容更生动、吸引学生观看的方式讲清楚，还要考虑在真实课程和班级中如何使用慕课进行教学。

教师在运用慕课进行教学时，使用生动形象、接近职业实情或易引起认识冲突的案例导入能有效地吸引学生的学习兴趣。教师在课程展开时也要注意语言或内容的处理，语言上要注意表达准确并通过设问的方式引导学生进行思考，内容上要在不同的教学环节设计一些问题以便检测学生慕课学习的质量。

4. 慕课的内容准备与录制

课程团队根据梳理出来的知识点与相应的教学策略，并根据教案与学案的收集、制作、整理、录制过程和教学实施过程中的教学素材，如字幕、图片、演示文稿、实验器材，设计好教案与学案。主讲教师认真熟读讲稿、准备好录制设备并进行连接调试，使其工作性能完好。需要学生在场的，应先物色好，并做好应有的准备与训练。

现场录制过程中，最好是多机位录制，以方便后期的编辑有多个镜头可供选择：在教室或录制现场的后方一台摄像机以全景的方式对准教师和讲台，一台摄像机以中景方式对准教师；如果现场有学生或听众，前方的另一台摄像机负责拍摄学生的反应和教师的侧面。三个机位在拍摄时尽量不要将其他摄像机等与教学无关的事物拍摄到镜头中。

现场录制时要采用同期录音，因为后期编辑再对口型配音，非常复杂，不是专业配音演员是不可能完成的。因此要求主讲教师要做好充分准备，做到内容准确无误、语言标准无误，同时拾音系统要调整适当。

现场录制的同时，工作人员可以记录录制现场中的情况，如教师的精彩部分、演示操作等以便后期编辑。

摄录工作完成后，还必须做后期编辑工作，主要是加入相应的字幕，插入一些图像、视频、演示文稿等多媒体资料，去除录制过程中一些多余或错误的部分，使慕课视频更加精练，更加符合影视语言和教育视频的要求。

（二）慕课课程的运行模式

主讲教师通过平台发布课程信息，包括课程内容、授课教师简介、课程简介、教学大纲、课程起始时间、学习活动等。

课程开始后，教师定期发布课程资料，包括讲课课件、视频、作业等。为了保证更好的学习效果，在视频中要安排及时的学习测试，这样既能有效保证学生对学习内容的关注，同时又有助于学习者对学习进度的把握，还能使学习者比较方便地定位自己的学习位置。课后一般有需要完成的阅读和作业。作业一般都有完成的截止日期，学习者可有计划地按时完成课程作业。作业成绩可以通过系统自动评分、自我评分、学习者互评等多种评价方式获得学习评估。课程会安排小测试和期末考试。考试过程中，学习者在规定的时间内参加考试，同时学习者被要求遵守诚信守则，诚实而独立地完成学习、作业与考试。

二、微课资源设计与应用

（一）微课的定义

微课是按照新课程标准及教学实践要求、以教学视频为主要载体、反映教师在课堂教学过程中针对某个知识点或教学环节而开展教与学活动的各种教学资源的有机组合。

本小节中的“微课”指的是以视频为核心，围绕某一个独立的学科知识点、例题习题、疑难问题、实验操作或教学环节等进行分析讲解的一种新型的教学资源。它主要是为了满足个性化、碎片化学习需要而进行设计与开发的，以分享知识和技能为主要目标，为自主学习、移动学习创造便利条件。

（二）微课的特点

微课作为一种新型的教学资源表现形式，与传统的教学资源相比较，其特点十分显著，具体表现在以下方面。

1. 教学时间短

微课的教学时间一般在 10 分钟以内，相对于传统的一节课 40 分钟的课堂教学，短小的课时更加符合学生的认知特点，有利于学习者保持注意力，高效地利用短时的学习时间进行知识建构。

2. 教学情境化

从建构主义的理论得知，学习者通过已有的知识经验去获得新的知识，完成意义的建构。建构主义强调学习情境的提供，以缩小知识和解决问题之间的差距，促进学习者对知识的意义建构，提高学习者自主学习的能力。因此，微课中应该利用具体的问题情境，尽可能还原问题的知识背景。

3. 教学内容微型化

目前存在两种较为普遍的现象：教学内容简单、教学组织形式单一的课堂，认知负荷过低，造成教学时间浪费；教学单元内容艰涩、知识点繁多的课堂，认知负荷过高，阻碍学习者的知识建构。传统课堂教学注重知识的系统化以及完整性，但对于知识的展开需要进行足够的铺垫和准备。相比之下，微课的主题更加突出，直接针对教学中的重点、难点、疑点，甚至是一个小技巧，或者是教学活动的某一片段，或者是教学过程的某一环节，让学习者进行满负荷的学习。

4. 使用灵活方便

微课主要由易于流传的视频组成，容量较小，易于网络传输和应用共享，非常适合在智能手机、平板电脑等移动设备上进行自主性、碎片化学习。此外，以单一知识点为单位的视频切片可以满足学习者个性化的需求，进行碎片化知识的学习。

5. 具有趣味性

兴趣是人的一种需要，是一种无形的动力，是从事一项活动的强大动力。不管以哪种方式学习，兴趣都是学习者最好的教师。因此，微课的设计要具有趣味性，要在本来就很短的时间里能激起学习者的学习乐趣，使得学习者在这短短的时间里轻松愉快地进行知识的意义建构。

微课资源的特点如表 7-1 所示。

表 7-1　微课资源与传统视频教学资源的比较

项目	传统教学视频资源	微课资源
设计理念	以整节课或单元作为资源组织单位，重点从辅助教师“教”的角度进行设计，以“传道”“授业”为主	以某个知识点或教学环节作为资源组织单位，不仅注重教师“教”，更突出对学生“学”的设计，以“解惑”为主
资源类型	课堂实录为主，资源呈现方式单一，构成要素不够丰富	以视频为核心，资源组成类型多样，构成要素十分丰富
结构化程度	资源结构紧密、固化封闭，很难做出扩充和修改、交互性差	资源半结构比，便于扩充开放和修改完善，交互性好
适用领域	主要用于学校教育，即教师备课、课堂教学以及教学反思	不仅可以用于学校教育，还可以用于远程教育、移动学习、泛在学习领域、支持学生自主学习
应用对象	教师	教师、学生以及其他学习者

（三）微课的设计

1. 微课设计原则

（1）时间简短原则

微课最突出的特点就是“微”，也就是说微课的时间不宜过长，学生视觉驻留时间普遍只有 5 ～ 8 分钟，若时间太长，注意力得不到缓解，就很难达到较理想的教学效果了。

（2）内容聚焦原则

内容聚焦原则要求微课的内容精简、主题明确、重难点突出，一般要求一个微课只讲授一个知识点，所有的内容都要为讲授的这个知识点服务。

（3）图文并茂、生动有趣原则

尽量发挥图片和文字的作用，使微课画面精美，极具趣味性，这样才能吸引学习者的眼球，让学习者赏心悦目。只有在课程内容对学生有吸引力的情况下，才能激发学习者的兴趣，学生才会主动学习课程。

2. 微课选题及教学目标设置

（1）微课选题

微课选题要有针对性、实用性，选择一个主题明确、重点突出的教学内容是微课制作的关键，更是获得良好应用效果的关键，好的选题可以使讲解及录制事半功倍，不好的选题可能会使得微课变得平凡甚至平庸。

（2）教学目标的设置

通过对所选内容进行分析以及对知识点的细化分割，从知识与技能、过程与方法，以及情感、态度、价值观三方面进行考虑，依据重难点将微课的三维目标设置如下。

①知识目标、能力目标和态度目标。例如，计算机“数据结构”中的冒泡排序微课，其三维教学目标分别是：①知识目标，通过微课学习，掌握并理解冒泡排序的原理及冒泡排序的算法设计思路；②能力目标，编写C语言程序实现冒泡排序的算法设计并进行算法优化；③态度目标，培养学生逻辑思维和主动分析问题、发现规律、解决问题的能力和习惯。

②微课教学目标的定位要清晰与聚焦，并与课程教学目标要区分开来：微课的教学目标是服务课程的教学目标，微课的教学目标要小于课程的教学目标。

3. 教学方法设计

传统教学一般采用的方法是直观演示和案例教学法，这两种教学方法都存在一个相同的弊端，那就是遇到操作步骤多的案例，学生难以将所有的操作过程都记忆下来，往往在教师把案例讲解完后无法及时消化教师所讲的知识，仍然处于迷茫的状态中，或者是记住了具体的操作过程，却不理解案例中的设计原理，无法做到学以致用，大大地降低了教学效果。

教学应该以学生为主体，充分调动学生学习的积极性，激发其学习兴趣，使其产生主动去获取知识的欲望。因此，在进行微课设计时，教师应采用示范—模仿教学策略，并结合案例教学法和任务驱动法展开教学。

5. 微课设计中应注意的问题

首先，媒体的选择。媒体设计决定微课最终的表现形式，其优劣性直接决定了微课的质量。因此，选择了录像与录屏相结合的表现方式，使学生既能看到讲解内容，又能看到教师，与教师之间形成一定的互动。

其次，PPT的设计。微课作为在线教学视频，需要满足在线学习者为达到学习目标、完成学习任务的积极情感体验。尤其是现今信息时代，数字化教育资源已颇为丰富，要提高微课的应用程度，必然要从学习者的角度出发，提高可用性设计的意识。所以，应当注重PPT的设计与排版，提高微课的视觉效果。同时，要充分利用PPT的动作效果，增强动态感，在文字展示的时候选择打印机的方式。

再次，注重教师讲解的专业性和艺术性，结合教学需要，选择适当的讲解节奏，语速流利，尽量避免口头禅的出现等。

最后，微课作为一种新兴的教学方式，有着传统教学方式所没有的优势，但是要充分发挥微课教学方式的优势，就必须选择合适的展现方式，精心地设计环节。

（四）微课的开发

1. 开发工具

以面向对象程序设计的微课制作为例，用 Microsoft PowerPoint 2013 进行制作，将文本和图片等资料进行整合和编排，用具有录音功能的设备进行旁白的录制，用 Corel Video Studio Pro X7 进行录屏，即形成初步的视频，用 After Effect CC 进行片头的制作，用 Adobe Premiere Pro CC 进行视频的剪辑、旁白的讲解、背景音乐和字幕的合成，形成最后微课的视频。

2.PPT 课件的制作

一个好的教学课件不仅能将教学内容生动形象地表达出来，有效地突破教学重难点，而且能为学习者创造出一个图文并茂、生动逼真的学习环境，激发学生的学习兴趣，从而使教学过程不再单调乏味，变得丰富多彩。

3. 视频的录制

本案例中微课类型属于以 PPT 为载体的录屏式微课，在录制前，需仔阅看教学课件，熟悉各部分需要表达的内容，严格控制各个知识点呈现的时间，然后运用录屏工具将需要呈现的内容以及具体的每一个操作步骤和过程都详细完整地记录下来。

4. 后期编辑

后期编辑主要包括画中画编辑、视频的合成及剪辑、声音的处理（主要是噪音的处理）、背景音乐的添加以及转场效果等。教师根据自己的需求，有选择地对录制好的视频进行编辑，达到自己满意的效果后，导出视频即完成微课的制作。

5. 微课的应用

微课视频制作完成后，还需要设计微课配套资料，计算机课程类的微课配套资料一般包括课程说明、学习目标、所讲知识的背景信息、导学案、配套素材，以及分层练习、教学案例、反思练习等教学辅助资源。所有资料的编辑格式要力求统一、符合规范，这有助于微课资源更好地发挥作用。

对学生而言，微课能够更好地满足其个性化学习和选择性学习，微课基本控制在10分钟以内，有利于学生集中注意力，而且可反复观看，不受时间和空间的限制。学生可根据自己的学习情况、学习兴趣和时间安排，随时随地有选择地进行学习，不仅可以查漏补缺，还可以强化、巩固已学知识和预习新知识。在满足学生个性化学习的同时，又激发了学生的学习兴趣，让学生变被动为主动，培养学生的自学能力，提高其综合素质。

对教师而言，微课不仅可以在课堂教学中运用，还可以作为课前导入、课后答疑，或直接将微课作为翻转课堂的教学资源，使教学活动更加丰富。微课使教师的身份发生了改变，由知识的主导者转变为引导者、管理者和协调者。教师可以针对不同学生的具体学习需求设计微课，真正做到因材施教，保证学生充分自由地发展。微课易于设计与实施，能够增强教师开发课程的自信心和主动性，不断提升自己的开发能力。

微课支持移动学习，不仅丰富了在校学生的学习生活，同时为终身学习者提供了更有效的学习方式。随着信息技术的发展和移动终端的普及，支持移动学习的微课将具有十分广阔的应用前景。

（五）微课资源应用范围

1. 适于教师在备课时借鉴学习

通过微课可以募集到许多优秀教师的讲课课件，这些优秀教师对课程标准的理解、对教材的分析、对课堂教学的设计都是难得的课程资源。如果教师在备课时能学习借鉴这些优秀资源，一方面可以提高个人的专业素养，另一方面可以直接借鉴学习，提高自己的教学水平。因为微视频不同于过去网上的课堂实录和优秀教案，它以PPT课件的形式配以教师的讲解，对教师的备课能起到直接的启迪借鉴作用。

2. 适于转化学习困难的学生

在课堂上同样的授课时间，学习困难的学生并不能完全掌握，教师也没有时间专门去照顾这些学生。过去靠课堂笔记难以复现教师讲课的情境，现在有了微视频，学生在课后复习时可以反复观看，加深理解。学生还可以根据“微课”提出的练习题进行变式练习。由此可见，微课的应用有助于转化学习困难的学生。

3. 适于学生的课后复习

根据艾宾浩斯（Ebbinghaus）的遗忘规律，学生在课堂上学得再扎实，过后不复习也会遗忘，而学生在复习时如果能够观看教师的微视频，会加深自己对教材的理解，会复现教师讲课的情景，激活记忆的细胞，提高复习的效果。所以教师在课后可以把自己的微视频放到网络上，供学生复习时参考。

4. 适于缺课学生的补课和异地学习

有些学生因病因事缺课，过后找教师补课，此时就要面对这样的情况：一方面教师不可能有时间及时给学生补课，另一方面教师补课时也不会完全像在课堂上讲得那么具体。如果有了微视频，学生即使在外地，也可以通过网络下载教师的微课自学，及时补上所缺的课程，使“固定学习”变为“移动学习”。现在笔记本电脑、平板电脑、智能手机比较普遍，携带方便，都能实现这种移动学习。

第八章　校企合作计算机教育教学分析

校企合作是学校谋求自身发展、实现与市场接轨、大力提高育人质量、有针对性地为企业培养一线实用型技术人才的重要举措，也是社会发展的必然产物。通过对校企合作模式下计算机专业教学改革进行探析，能进一步完善关于高校计算机专业校企合作以及更好地增强高校技能型人才培养的有效性。本章将分为计算机教育校企合作办学的必然性、校企深度合作办学、校企合作的主要模式三部分。主要内容包括计算机教育校企合作办学的必然性、校外实习实训基地建设、以人为本的实训机制、合理的实习实训方案、校企双方的监管与考核机制、企业独立举办计算机院校模式、职教集团模式、资源共享模式、厂校合一模式、科技创新服务模式、“双元制”模式等方面。

第一节　计算机教育校企合作办学的必然性

一、计算机人才的短缺

从英国的工业革命开始，计算机人才对经济的发展一直起着巨大的推进作用。美国国家工程院院长曾指出：“具有最好计算机人才的国家占据着经济竞争和产业优势的核心地位”。从 20 世纪 90 年代开始，为应对计算机人才的短缺和工程教育质量不能适应产业界需求的问题，众多国家掀起了计算机教育改革的浪潮，改革影响深远。

计算机人才短缺的全球性，可以从两个方面反映出来。首先是数量，西方国家虽然对计算机人才的培养很重视，但现在有的年轻人对选读计算机专业已经不是很感兴趣了。其次是质量，产业界聘用的大学毕业生有的动手能力较弱，缺乏实践经验，只想搞研究，而不愿意做工程师该做的具体工作。他们好高骛远，大事做不来，小事不会做。大学培养出来的已经不是软件工程师，而是搞计算机研究的人，这对美国经济发展已经产生了非常不利的影响。

对于计算机教育质量，企业的共同反映是：毕业生普遍缺乏对现代企业工作流程和文化的了解，上岗适应慢，缺乏团队工作经验，沟通能力、动手能力较差，缺乏创新精神和创新能力，职业道德、敬业精神等人文素质薄弱。凡此种种，皆难以适应现代企业的需要。所以，在西方，计算机教育存在两个问题：一是生源不足，造成了计算机教育的危机；二是质量问题，脱离了产业实际。

在中国，这个问题应该说更加严重，尤其是理论脱离实际、实践环节薄弱、产学脱节的问题。可以说，中国的计算机教育从理念、机制、师资等众多方面都存在着与产业和社会发展脱节的问题，严重影响了人才培养的质量，已经不能满足中国产业升级的需要。

究其原因，首先是受中国传统的教育思想和理念影响。在教学方法上，中国通行的是以教师为中心、以课堂讲授为主，以理论考试成绩评价学生的模式。社会的转型也给中国的教育带来了影响。中国的高等计算机专业教育从中华人民共和国成立前的通识教育，到 20 世纪 50 年代学习苏联，院系调整后分科很细的专业教育，又回到 20 世纪 90 年代末至今的通识教育。但教育工作者对如何兼顾通识教育与专业教育、兼顾理论与实践未能厘清。一些人认为，通识教育就是强调基础科学理论、弱化专业内容和工程实践，基础打得越宽越好，理论学得越多越好，什么知识都学点儿，什么工作都能应付。这种弱化教学中实践环节的通识教育，造成了忽视产业实践和工程训练、忽视学生能力培养的后果，培养出的学生只能了解一些表面的理论，不会应用，没有实践能力，根本无法满足产业的需要。在办学机制上，一些职业院校大多是关门办学，缺乏与产业和社会的沟通互动。不少学校也与产业界有联系，但产业界对教育的目标、过程、方法没有深刻影响；众多的教学指导委员会，成员几乎清一色是教授，没有产业界的代表。职业院校不去倾听企业的声音，却要一厢情愿地为它们提供“人才产品”，这是一件不可思议的事情，这样的工程教育难以满足产业需求是必然的。同时，在中国最需要产业经验的职业院校教师中，大多数都是从校门到校门，都是高学历出身，没有产业经验，缺乏和工业界的沟通和共同语言。应该说，这是造成中国计算机专业教育和社会需求脱节的主要原因之一。

但现实情况是，中国培养的计算机专业人才在质量上与此要求相差甚远。实现产业升级最根本的条件是人才。现在产业所需求的人才，是复合型、创新型、国际型、有实际能力的高素质工程人才，这对中国工程人才培养理念、机制和方式提出了全方位的改革要求。

今天，经济正持续高速发展的中国，亟须高素质的人才，人才培养面临着极大挑战，欲走出这一困境，别无他路，唯有改革。教育主管部门、专家学者、有识之士无不纷纷建章立制、献言献策，推动计算机专业的教学改革进一步深化和升华。

二、社会各界的共识

中国每一次教育改革的背后，总有一些学者的身影，他们站在学术的前沿，感知世界教育改革的风暴，为中国的进步呼吁呐喊，正是有了他们，才使中国教育紧紧跟随着世界发展的节拍。约翰·杜威是美国著名的哲学家、教育家和心理学家，是 20 世纪对东西方文化影响最大的人物之一。“教育即生活”“教育即生长”“教育即经验的改造”是杜威教育理论中的三个核心命题，这三个命题紧密相连，从不同侧面揭示出杜威对教育基本问题的看法。以此为依据，他对知与行的关系进行了论述，提出了举世闻名的“做中学”原则。杜威认为“做中学”，也就是“从活动中学”“从经验中学”。他明确提出：“从做中学比从听中学是更好的学习方法。”他把学校里知识的获得与生活过程中的活动联系了起来，充分体现了学与做的结合，知与行的统一。

对于加强实践教学，中国的大部分学生是欢迎的，有积极性的。很多学生厌倦了单调枯燥的满堂灌式的教学方法，渴望有实践的机会，希望在实践中得到真才实学。由于现行工程教育理论和实践脱节、教育和产业脱节，学生感受不到知识与现实世界的联系，无从了解社会现实对知识的需求，或是未来工作与现在学习的关联，因此学习缺乏动力、兴趣和热情。实践环节有两种形式：一种是“实训”，一种是“实习”。实训应以“训”为主，可以把产业界做过的项目拿来练手，不以产生效益为目的，而是注重训练学生应用理论知识于实践的能力和动手能力，把课堂学的知识和技能付诸实践，变成真正可用的东西；而实习则是在生产性岗位的真刀真枪工作，承担生产责任。这两种形式的实践都是必要的。实训应为实习做准备，没有从实训中得到的实践性知识和能力，就无法胜任实习工作和承担生产性责任；而没有实习环节，学生就会缺乏职场上需要的真正的工作能力和经验。

一大批外企带来了在国外的产学合作传统，越来越多的民营企业由于自身发展的需要也对与大学合作培养人才非常重视。在长江三角洲和珠江三角洲，特别是在 IT 等高新技术领域，大批企业与学校建立了紧密的长期合作关系，唇齿相依，共同发展，互相支持。在软件工程行业，软件企业主动为各软件工程学院提供实习实训条件，在全国建立了许多实习实训基地。软件人才培养高峰会议和论坛上，到处可见校企合作的热烈场面。IBM 公司亚洲区人力资源总监在谈到为什么如此热衷软件人才培养时说："这种产学合作受益最大的就是我们产业界。没有人才，我们无法生存和发展。"

第二节 校企深度合作办学

一、校外实习实训基地建设

校企合作是高等院校谋求自身发展、实现与市场接轨、大力提高育人质量、有针对性地为企业培养一线实用型技术人才的重要举措，其初衷是让学生在校所学与企业实践有机结合，让学校和企业的设备、技术实现优势互补、资源共享，以切实提高育人的针对性和实效性，提高技能型人才的培养质量。通过校企合作使企业得到人才、学生得到技能、学校得到发展，从而实现学校与企业"优势互补、资源共享、互惠互利、共同发展"的双赢结果。

校企合作办学的关键是选择合适的企业，建立稳定的校外实习实训基地。经验表明很多实力很强的企业未必适合建设实习实训基地，只有具备如下几方面条件的企业才能作为高等学校的合作伙伴。

①拥有专门的供学生学习的教学环境，包括实训设备（计算机、网络、应用软件开发环境等）、场地、住宿、食堂、交通等，最好有一个比较独立的教学环境，能确保学生的学习和安全。

②拥有专职的师资和管理队伍，特别是师资，必须是来自一线的具有丰富实践经验的专职技术人员或项目经理，具有多年项目开发经验的人员，借助于他们来弥补高校教师的不足。

③拥有丰富的真实项目案例（包括齐全的项目文档资料），这些来自生产实践第一线的项目案例能够锻炼学生的项目开发能力以及积累相关经验。

④开发了自主知识产权的教学资源，如教材、课件、教学软件、学习网站等，表明企业对教学很重视，并做了相关研究，积累了丰富的素材。

⑤和人才需求市场有着紧密的联系，或者说了解用人企业对人才的需求情况，能帮助学校解决学生的就业问题，这也是校企合作办学的重要目标之一。

很显然，符合上述要求的企业并不多，甚至可以说很少。这就要求学校花大力气深入调研，认真遴选具有合作资质的企业。

二、以人为本的实训机制

“以人为本”作为一种价值取向，其根本所在就是以人为尊、以人为重、以人为先。以人为本教育最终是为了人并塑造人。为了更好地体现以人为本的教学理念，学校在很多方面都做了考虑与安排，具体体现在以下几点。

（一）提供多种实训选择

尊重并合理地引导每一个学生的个性和差异性，为每一个学生提供多元发展途径。为此，我们在专业方向、实训地点、实训企业、费用、时间等方面，为学生提供多种选择，且为自主选择。

在专业方向方面，设立了软件开发技术（JAVA方向）、软件开发技术（C++方向）、嵌入式系统开发、软件测试、对日软件外包、数字媒体技术等多个方向，满足学生更好的个性化需求。

在实习实训地点的选择方面，学校也做了认真的考虑。由于地区的原因，珠三角和长三角地区的IT业比较发达，学生毕业后，多半喜欢去这些地区工作。因此，在选择实习实训企业时，尽量优先考虑广州、深圳、上海、珠海、无锡等地企业。

在实习实训企业的选择方面，也考虑了多种选择。原则上，每个专业方向选择两家不同地区、服务与收费不同的企业，供学生选择。特别需要提到的是，实训的主体是学生，应该充分考虑学生的意见，为此，我们在选择合作企业的时候，特意挑选了学生代表与教师同对企业进行考察，在最后决策时充分听取了学生的意见。

在实习实训经费方面，学生是最敏感、最关注的。这里所指的费用，一是实习实训企业收取的服务费；二是学生在企业实习实训时的生活费用。这两项费用加起来对学生来说是一笔不小的开支，对于很多农村家庭来的孩子，压力还是非常大的。很显然，不能一刀切，要求所有的学生支付大笔费用。我们在这方面，考虑了高、中、低3种不同的层次，收费高服务质量好的企业，收费大概在15000元左右，中档的企业收费在10000元左右，低档的企业收费为3000～6000元，学生们可以根据自己家庭的经济状况，选择不同收费层次的企业。

在实习实训时间的安排上，也做了较为仔细的考虑。一般情况下，实习实训的时间与学生考验的时间冲突，为照顾部分学生考取研究生，在时间上灵活一点是必要的。对此，学校特出台专门的措施，针对考研的学生，把实习实训安排调整到暑假，学生从暑假就开始实习实训，考研前空出两个月，供学生们专心复习。这样做既保证正常的教学环节不缺失、不应付，也能让学生有一段完整的、紧张的考前复习时间。

（二）关键的费用问题及其解决方案

由于经济发展的不平衡，学生家庭在经济实力方面的差距非常巨大。事实上，本专业的贫困生和特困生所占的比例超过了40%，这在实习实训方面造成了巨大的困难，解决不好校企合作办学恐怕就无从谈起，毕竟不可能要求企业完全作贡献。除了上述所采取的分高、中、低3个档次选择实习实训企业外，我们还考虑了以下几个方面的措施。

①给每个外出实习实训的学生支付2000元实训费，经费从学校收取的学费中支出。这恐怕是绝大部分学校没有做到的事情。

②如果学生在企业实习实训后，能按时就业，学校再给每个学生奖励500元。这一方面能为学生解决经济负担，另一方面也督促学生学好技术、提高能力、按时就业。这也是大部分学校没有做到的事情。

③通过让实训机构相互竞价，企业在报价方面做了较大幅度的下调。例如，中软国际从最初报价12800元下调到了8000元。这样系里帮出2000元，学生自己再交6000元就可以了。

④几千元的实训费对不少学生来说还是非常困难的，对此，学校和实训机构又商定了另一个解决办法：采取银行贷款支付，就业后1年半内分期付款方式解决（每个月偿还300元左右）。例如，深圳市软件园就业实训基地可帮助学生贷款，并帮助学生申请政府补贴，学生就业后还款。我们认为，这是一个让实训机构与学生捆绑起来共担风险的解决办法，因为学生就不了业，实训机构也拿不到钱。

⑤针对确实没有经济能力外出实训的特困生，也出台了相应的特困生政策，他们可以留在学校做毕业设计和实习实训工作，由学校教师指导完成有关教学任务，并帮助这批学生正常就业。这样就让特困学生也能正常完成学业并就业。

（三）其他政策与措施

除以上政策措施外，在以人为本方面，我们还做了以下多方面工作。

①学生离开校园，到外地实训企业学习，安全自然是第一位的。如果在安全方面出现重大事故，那是谁都无法承受的。因此，除了外出时履行告知家长、与实训企业签订安全管理协议、学生本人签署安全承诺书等措施外，学校出资统一给每个外出实训的学生购买意外伤害保险，保护学生的利益。

②第四学年，学生很多时间在企业实训，毕业设计也在企业进行（校企双方共同指导）。从客观实际来说，大学最后一个学期（即第八学期）是学生最忙的学期，既要完成指定的实习实训任务，又要做毕业设计，还要解决就业问题，还有很多毕业环节的工作要按期完成。为了不影响学生的学习，也为了学生的安全，甚至为了学生减少经费开支，学校每年都派若干个教师组分赴各地，在企业现场组织毕业设计答辩（邀请企业技术人员参与）。

③人才培养方案中安排的实习实训可分阶段进行，只有最后的综合项目实训到企业进行，其他实训环节尽量安排在校内进行。具体做法是邀请企业的优秀技术人员来学校对学生进行培训，这样既能学到技术培养能力，也可以节省学生不少经费。

④学校的院系领导、教研室主任以及教师代表每个学期都组队到实习实训单位考察、监督实习实训过程和效果，并召开学生座谈会，认真了解学生的状况，听取学生的意见和建议，跟学生谈心，解决实际困难，全方位地关心学生的成长。

三、与行业接轨

传统意义下的学校教育是有一点点瑕疵的，教师和学生基本上都是从一个校门到另外一个校门来的，缺乏对行业或企业的了解，特别是还未走出校门的学生，对行业企业几乎一无所知，都不知道自己该学什么，也不知道如何塑造自己。校企合作办学既要让学生切身感受企业文化，又要让学生掌握行业标准的知识与技能，也就是专业知识与能力方面尽可能地与行业接轨，这样才有利于学生今后的发展。本专业的教学改革具体做了以下几个方面的工作。

（一）5R 实训体验机制

这是构建工程应用型人才的核心和保证。这 5 个“R”分别是真实的企业环境（Real Office）、真实的项目经理（Real PM）、真实的项目案例（Real Project）、真实的工作压力（Real Pressure）、真实的就业机会（Real Opening）。

1. 真实的企业环境

实训工作室的设计参照大公司的办公环境，一人一个独立工位，每个办公间有独立的会议室供各个小组讨论和评审。企业要求实训的学生严格按企业员工执行上下班考勤制度（工作牌、指纹考勤机、打卡机等）、工作进程汇报制度，真实体验大企业的工作感受。

学生实训时，按正规的项目开发来组织，即学生按项目开发的实际需要分成小组，每个组的成员都有具体的任务分工。一切按实际项目的运作模式来进行。

2. 真实的项目经理

在项目实训过程中，各个项目组均由两种职能的指导教师带队，这两种职能的指导教师分别是负责项目进度跟踪管理的项目经理和具体技术辅导的技术高手。带队的项目经理都是来自企业具有丰富项目实施经验的项目经理。确保每个学生能获得IT企业正式员工应有的真才实学。项目经理的能力结构如图8-1所示。

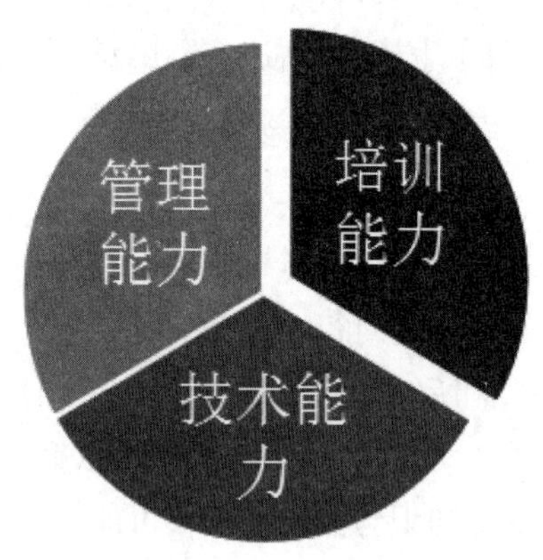

图 8-1　项目经理能力结构

3. 真实的项目案例

实训不能纸上谈兵，而是要“真刀真枪”地干。所以真实的项目案例是至关重要的。所谓真实的项目案例，就是企业的项目经理亲自做过的真实项目，加以消化整理，用来培训学生的项目开发能力。不一定是真正的项目开发，毕竟拿真实的项目给学生“练手”是有风险的。例如，中软国际实施过国家级大型项目，具有非常宝贵的项目经验。

4. 真实的工作压力

项目中有模拟客户代表给予项目组施加真实的项目压力，“意外随时有可能以任何一种形式出现”，当遭遇需求变更、新技术风险、工期变更、人员变动等问题时，能够从容应对的员工才是企业的栋梁。真实项目的工作压力可从图 8-2 体现出来。

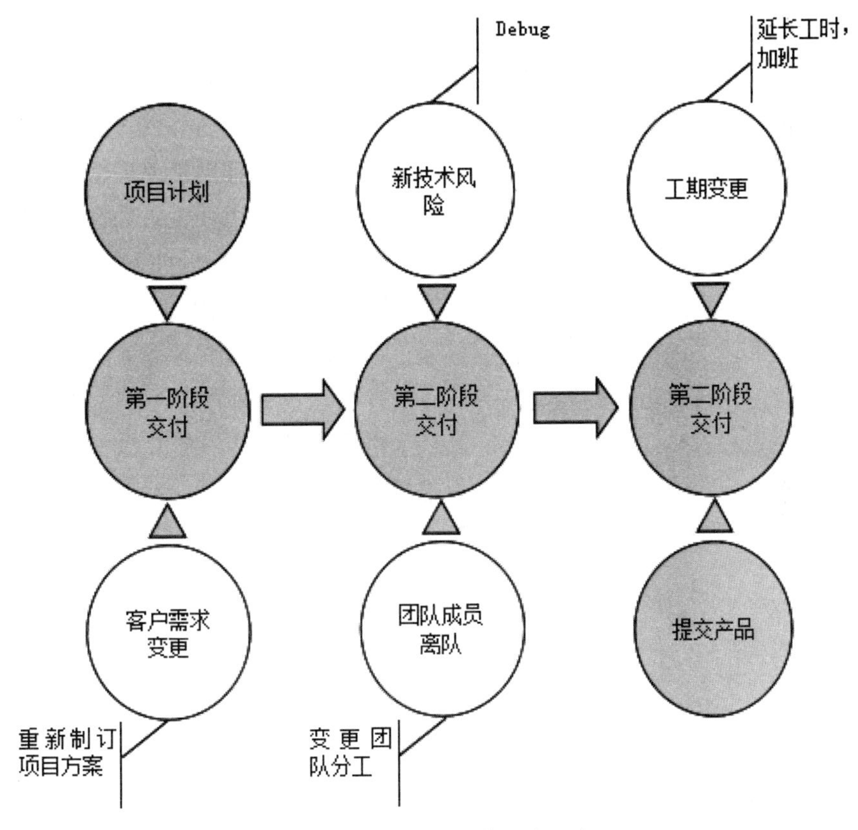

图 8-2　真实项目的工作压力

5. 真实的就业机会

往往实训机构自身所依托的企业需要大量的人才，通过实训为自身培养后备人才。项目经理也可以根据学生的表现，向行业战略合作伙伴推荐就业。另外，很多企业也乐意到实训机构挑选具有一定项目经验的人才。比如，中软国际就跟微软、IBM、华为、用友科技、NEC、中科院软件研究所、联想等公司保持着紧密的合作关系。在“3+1”培养模式的最后一年，有相当部分时间是学生到公司企业实习+就业，同时鼓励学生在实习过程中提出毕业设计(论文)课题，真正把教学与工作实践融合起来。

（二）文档标准

文档是软件开发使用和维护中的必备资料。文档能提高软件开发的效率，保证软件的质量，而且在软件的使用过程中有指导、帮助、解惑的作用，尤其在维护工作中，文档是不可或缺的资料。在传统的专业教学中，确实也向学生介绍了软件文档的概念以及书写方法，但都不深入细致，学生们也没有得到真实项目的锻炼，顶多也就脑子里有个大概的概念而已。很显然，这对培养软件开发人员来说是很不够的。

就毕业设计以及毕业设计论文来说，传统的专业教育也是忽视软件开发文档的。计算机类各专业的毕业设计多半都是围绕某个应用开发一个软件，然后就该应用软件开发的总体概述、用户需求、总体设计（概要设计）、详细设计、测试与维护等方面写一份综合性的材料，就算做毕业论文了。

要造就卓越工程师，必须与行业接轨，必须培养学生具备行业企业所需要的知识和能力，甚至一定的经验。为此，学校要求本专业的学生，在做毕业设计与毕业论文时，毕业设计选题必须是企业的实际课题，真题真做；毕业论文则改成了软件开发方面符合行业企业标准的系列文档，如可行性分析报告、项目开发计划、开发进度月报、测试分析报告、用户操作手册、项目开发总结报告等。

四、合理的实习实训方案

（一）实习实训的目的

第一，提高学生使用相关工具的熟练程度、运用相关知识、技术完成给定任务的能力及在完成任务过程中解决问题、学习新知识、掌握新技术的能力，能够通过自学方式在较短时间内获取知识的能力，较强的分析问题与解决实际问题的能力。

第二，通过对专业、行业社会的了解，认识今后的就业岗位和就业形势，使学生确立学习方向，努力探索学习与就业的结合点，从而发挥学习的主观能动性。

第三，实训中进行专业思想与职业道德教育，使学生了解专业、热爱专业，激发学习热情，提高专业适应能力，以具备正确的人生观、价值观和健全人格，较高的道德修养、职业道德及社会责任感，良好的沟通、表达与写作能力和团队合作精神。

在这里，必须明确的是，本科与高职高专的实习实训应该是不一样的。作为本科专业，实习实训的目的必须是提高学生创新创业的能力、项目开发的能力、项目管理的能力、团结写作与沟通的能力等，而不是简单操作技能的训练，或者生产线上的顶岗实习。

（二）实习实训的方向

为了学生的个性化需求与发展，学校在专业方向的设置上做了许多工作，设置了软件开发技术（CC+）方向、软件开发技术（Java）方向、软件测试方向、嵌入式系统方向、数字媒体方向等。这些方向的差异很大，目的、要求也都不一样。

（三）实习实训的环节及内容

1. 认识实习

认识实习主要是让学生对本专业、本行业、IT 企业有一个基本的感性认识，以参观学习为主，不要求学生自己动手。操作上，主要选择本地企业，由教师带队，集体去企业参观，听取企业相关人士的介绍。时间上，一般一次安排半天或一天，参观一到两个企业。

2. 课程实训

课程实训是结合具体课程进行的，它跟实验不一样，实验是针对课程里的某一个内容安排的，课程实训原则上是综合课程所学知识的，至少囊括了课程所学知识的主要方面。并不是每门课程都安排实训，而是选择基础性的、理论与实践紧密结合的课程，比如 C 语言程序设计、面向对象程序设计、算法与数据结构、数据库技术等。时间安排为两周，课程理论教学与实验结束后进行。

3. 阶段性工程实训

阶段性工程实训不同于课程实训，它综合了若干知识点，借助于一个规模不大的真实或虚拟项目，专门训练项目开发所需要的某些能力，如程序设计能力、项目管理能力、团队协作能力等。由于阶段性工程实训与专业方向紧密相关，通常都是邀请企业技术人员来校对学生实训。该阶段也是项目综合实训的基础，类似于实战前的演练。

4. 项目综合实训

项目综合实训的要求更高，它是大学几年所学知识与能力的综合运用，是结合大型真实项目案例来锻炼能力的。一般安排时间为 4 ～ 5 月，专程离校到企业实训，由企业工程技术人员与学校教师共同指导。学生们既能感受到“真实项目”的压力，也能切身体会到工作氛围了解企业文化。实际上，项目综合实训比传统上的毕业设计要求高多了，完全可以取代传统意义上的毕业设计。

5. 顶岗实习

所谓顶岗实习，就是像企业员工一样，正式上班工作，拿一份实习员工的工资待遇。这一阶段才叫“真刀真枪”，因为企业不可能白给实习生待遇，学生更不能拿工作当儿戏，弄不好是要承担责任的。顶岗实习一般只安排一个月。这一个月的顶岗实习也应与用人单位的试用期吻合，给用人单位和学生相互了解、取得信任的机会，有利于学生的就业。

五、校企双方的监管与考核机制

第一，学校的院系领导和教师定期或不定期地走访实训学生所在的企业，召开学生座谈会，了解、监控学生的实习实训情况，填写相关调查表，及时掌握、处理有关问题。这一点是非常重要的，失去监管的实习实训就有可能走过场，达不到预期的目的。校方不仅定期或不定期巡查，而且还要求写出巡查报告，回校后，组织相关人员讨论巡查过程中发现的问题，并提出解决方案。对实习实训工作做得不是很满意的企业，及时进行调整解决。

第二，校企双方都要按照一定的师生比指定若干专职人员，监控学生的学习情况，要求学生每周与学校教师联系，提交个人工作计划、每周工作总结、课题组进度周报、阶段总结等。这些材料都有相应的模板，学生只要按要求填报、上交就可以了。

第三，企业要按照像自己的员工一样管理学生，学生每天的出勤情况都要认真考核，个别企业甚至购买了指纹考勤机，每天上下班按指纹，或者利用刷卡机考勤。确保学生按时作息。企业定期向学校报告学生的考勤记录。这对培养学生劳动纪律方面有好处。学生确有客观原因，需要外出办事或回家等，必须履行请假手续，并通报学校。严重违纪的学生，企业有权终止实习实训并遣送其回学校，学校授权企业从严管理。

第四，校企双方共同指导学生的项目实训。项目实训综合性比较强，需要更多理论和经验才能完成任务。校企双方共同指导有利于发挥校企双方各自的长项，有利于学生顺利完成项目的开发工作。为此，在学生外出实训期间，学校专门指定了一批教师负责学生外出实习、实训期间的指导工作，主要负责协调、解决、指导、帮助学生完成实训任务。

第五，企业按照学校的要求，对学生的整体表现、能力、完成工作的情况、效果等方面进行考核，考核结果上交学校，作为学生成绩评定的重要依据，或者某些环节就以企业的评价标准为主。另外，在毕业设计答辩时，答辩小组由校方人员与企业工程技术人员共同组成，以便充分参考企业方的评价意见。毕业答辩以到公司企业异地答辩为主。

六、其他方面

（一）合作共赢与风险共担

应用本科的实习实训工作的指导思想原则是“多方受益”。首先是学校受益（社会效益和经济效益），其次是学生受益（学生切实能学到知识，得到锻炼，能积累经验），最后是实训机构受益，更进一步地说，将来的用人单位应该是最大的受益者。

校企合作办学也是有一定风险的，比如学生离开学校到企业实习实训，安全就是一个非常重要的问题，一旦出点安全事故，学校、学生与企业就将承担非常大的风险。为此除了加强管理外，学校给每一个外出实习实训的学生都购买了意外伤害保险。再比如，学生经企业实训后，仍然没有按期就业，企业将拿不到相应的实训费，或者企业将免费继续给学生实训，直到就业为止。可见，校企合作办学必然是合作共赢、风险共担的。

（二）就业

由于各种客观原因，近些年大学生毕业后就业并不是一件容易的事情。特别是计算机类的专业，由于盲目扩招以及每个学校都开设计算机类专业，导致该类学生就业非常困难，以至于教育部近两年给计算机科学与技术专业亮起了黄牌。因此，校企合作办学的另一个重要目的，就是利用企业的优势，解决学生毕业后的就业问题。实训企业身处生产第一线，与很多生产企业或用人单位保持着紧密的联系，对市场需求了如指掌，拥有比学校多得多的就业渠道。因此，校企合作办学时，必须重点关注企业在解决学生就业方面的巨大作用。

（三）协议与合同

所谓协议是指有关国家、政党、企业、事业单位、社会团体或者个人，在平等协商的基础上订立的一种具有政治、经济或其他关系的契约。校企合作办学涉及学校企业与学生三方的经济、责任、义务等方面的问题，应该借助于协议与合同，维护各自的利益。特别是学生，以前几乎都没有跟协议或者合同打过交道，利用校企合作办学的机会，也让学生有机会跟企业签订相应的协议或合同。这样既让学生能借助法律手段维护自身的利益，还能增强法律意识，为日后的工作增加见识。

（四）校企共建专业教学指导委员会

为全面提高专业教育教学质量，增强办学特色，培养与地方经济和社会发展紧密结合的高素质专门人才，成立专业教学指导委员会是专业建设的重要工作之一。专业教学指导委员会是专业建设的咨询、督导机构，协助主管领导改革人才培养模式，确定所在专业培养目标、专业知识、能力和素质结构，制（修）订专业人才培养计划，搞好课程建设与改革，加强实训、实习基地建设，改善师资队伍结构。

本专业的教学指导委员会按专业方向进行了细分，原因是不同方向差异比较大。另外由于企业界的代表往往比较忙，在讨论人才培养方案等问题时，未必能抽出时间坐下来共同讨论。为此，每个方向都尽量多邀请一些企业代表，以保证真正会商专业教学时有足够的企业界代表参加。

（五）共同打造教学资源

校企合作办学要求企业参与教学过程，帮助学生更好地完成实习实训，甚至承担某些课程的理论教学。校企双方各有所长，为更好地发挥各自的优势，共同构建教学所需的各种资源就变得非常有意义，如合作编写教材、提炼教案、精选教学案例、设计教学网站、分解实训项目等。

（六）科研合作

学校与企业开展科研项目联合攻关能为校企合作办学提供强有力的支撑作用。原因很简单，一是学校与企业开展科研合作，有利于校企加强联系、紧密协作；二是开展科学研究尤其是应用性研究对学科建设可以起到先导性作用；三是将有关科学理论与实验方法应用于实际，具有直接为经济建设服务的能力；四是学生有机会参加科研项目的有关工作，可直接得到科研训练，从而获取宝贵的科研能力。

第三节　校企合作的主要模式

一、企业独立举办计算机院校模式

所谓企业独立举办计算机院校模式，一是在原有企业职工大学或有关教育机构的基础上改制举办的计算机学校，二是企业独立投资举办职业学校。

企业独立举办职业学校在实施校企合作、工学结合的办学途径中具有自己独特的优势，其特点在于实现了企业与学校一体化；企业直接主管学校，学校直接为企业服务，但也存在一定的问题，诸如投入不足、不享受公益事业单位的政策等。

（一）模式分析

根据国家大力发展民办计算机教育的精神，支持企业独资兴建计算机院校或职业培训机构，企业要继续办好原有的计算机院校。其他经济效益好，办学条件具备，有实力的企业也可以在整合自有各种教育资源或盘活其他计算机教育资源的基础上，独资兴办职业院校或职业培训机构。对此，各级教育、经贸、劳动和社会保障部门应该加强指导，在同等情况下优先发展、优先审批、优先扶持。

（二）案例启示

1. 免除学生找工作的后顾之忧

“课堂设在车间里，学校办在企业内”。这是企业独立举办计算机教育的独特优势。学校根据企业的要求，不断更新教学内容，改进教学方法，使学生学有所专、学有所长、学有所用。学生走上工作岗位后，都能很快适应工作的要求，成为生产一线的技术工人。为了使学生免除找工作的后顾之忧，某职业计算机学院与某集团公司签订协议，实行订单式培养。学校根据集团公司的用工情况设立专业招生，使学校和企业实现了“零距离”合作。

2. 以培养优秀技术工人为宗旨

技工学校是这种模式的典型代表。技工学校在培养学生实践动手能力方面有着优秀的传统、扎实的工作作风，坚持以就业为导向，坚持为企业培养优秀技术工人。

3. 贴近计算机教育本质

计算机学校与企业有着天然的联系，这种模式背靠企业，服务企业，为学校的实习教学提供了极大的便利，也更贴近计算机教育教学的本质。例如，某高级技工学校坚持“丰田培养模式”的实习教学，在实习教学中努力做到一人一机（岗），真机床、真材料、真课题、真训练，实习指导教师对操作的基本动作进行分解，按分解步骤进行指导示范，一步一步地指导学生训练，保证学生基本操作符合标准规范。

4. 实现教师与企业研发人员的互动

人事管理隶属主管企业或行业。因此，这种模式更容易实现教师与企业技术人员的互动。高等职业技术学院的“产学研”主要侧重于将教学与生产、新科学、新技术与新工艺的推广、嫁接和应用紧密结合。针对这一特点，某信息职业技术学院以“产学研”为导向，充分利用各种教育与技术资源优势，与知名 IT 企业共同培养“双师型”（教师、工程师）、“双薪制”（企业薪酬、学校课时费）、“双岗位”（教学岗位、研发岗位）的师资队伍。如学院每年以“双薪制”从合作企业遴选有企业实践经验和良好授课能力的高学历研发人员作为“双师型”教师，完成部分专业课和实践课教学任务；通过委派教师深入软件园各企业参与项目开发工作，实现教师与研发人员互动，确保教师的知识更新率每年在 20% ～ 30%，保证实训教学的需要。

5. 发挥培训基地作用

企业举办计算机院校，可以更方便、更有针对性地为企业员工的岗位培训提供服务。例如，某职业中专充分发挥教育培训基地作用，积极开展对企业员工的全员培训和全过程培训，为企业提供了强有力的人才和智力支持。该校每年和公司人力资源部共同研究制订年度企业员工培训工作计划，明确培训目标，落实培训措施，完善培训评估考核标准，增强了企业员工培训工作的针对性和有效性。近几年该职业中专每年培训企业职工 6000 人次，不但优化了企业人力资源增量，为企业和社会提供了高素质的技能型人才，而且也有效地盘活了企业人才资源存量，提升了企业员工的整体素质，成为企业名副其实的人才孵化器。

二、职教集团模式

职教集团办学模式是指以职教集团为核心，由职业学校、行业协会和相关企事业单位组成校企合作联合体。例如，某开发区职教集团是“以名人（名师、名校长、名校）效应为纽带的教育联合体”，即以开发区职业中专为主体，以相关专业群为纽带，根据自愿、平等、互惠互利的原则，集中多所国内职业学校和企业组建而成。它实行董事会管理下紧密联合、独立运转的办学模式。其宗旨在于优化教育资源配置，集群体优势和各自特色于一体，最大限度地发挥组合效应和规模效应，促进计算机教育的发展。

（一）模式分析

职教集团模式的基本特点：一是坚持以为行业、企业服务为宗旨；二是具有规模效益，教育要素要达到优化配置，即提高运行效率，降低内部成本，实现学校与企业的产学合作和利益一体化，从而可以实现规模经营；三是职教集团不具有法人资格。这种模式适用于各类计算机教育集团。这种模式的优势在于：一是具有规模效益，有利于形成产学联盟，提高管理的标准化水平和专业化程度；二是通过大量采购，可以节约交易费用和供给成本；三是通过大规模市场推广，能够营造优势品牌，克服市场进入壁垒。

（二）案例启示

1. 促进了办学体制的创新

通过大连开发区计算机教育集团的实践证明，将若干个中高等计算机院校联合起来，组建计算机教育集团，实行纵向沟通、横向联合、资源共享、优势互补，把计算机教育做大、做强，对于打破单一的办学模式所表现出来的惰性和封闭性弊端有重要作用，为促进薄弱职业学校的发展提供了良好的发展机遇。

2. 实现了计算机教育资源的整合

计算机教育集团将有形资源（如人力、物力、财力）和无形资源（如学校声誉、信息情报、计划指标等），按优化组合的方式进行最佳配置，做到人尽其才、物尽其用、财尽其力。

3. 促进了计算机教育的优势互补

加入集团的学校在资金、实验实训条件、实习基地、学生就业等方面，通过合理分工，可以实现优势互补与拓展。一是实现地域和空间优势互补，即特色各异的地域和空间优势，给学校带来连锁互动、互补发展的契机；通过组织校际活动，开阔学生视野，为学生成长提供大环境和大课堂，也为学校的教育教学带来生机。二是实现人才的优势互补，即集团化的大空间办学形式为汇集名师、优化教师结构、精选骨干教师提供了更多更好的机会，使人才优势得到充分展示。三是实现职业学校内部管理的优势互补，即集团学校之间，联合办学、连锁发展，有利于在更广泛的范围内进行管理经验交流；集团内的学校之间有各自的管理特色，其内部管理优势就成为他校借鉴的依据，达到相互融通、共同发展提高的目的。

4. 加强了职业学校的专业建设

通过集团统筹，调整专业结构，实现学科和专业建设上的分工；根据经济结构调整和市场需要，加快发展新兴产业和现代服务相关专业；集中精力办好自己的特色学科和专业，避免学校之间在学科和专业设置上的重复。

5. 推进了各成员学校的教学改革

计算机教育集团化，集团内的学校可以实行弹性学制和完全学分制，实现学分或成绩互认；集团内的学校根据自己的优势和特色开设选修课程，可以充分提供学生选课余地；有利于职业学校教学上集理论、实践、技术、技能于一体的培养目标的实现，客观上可以吸引更多的学生就读于集团内的学校。

三、资源共享模式

（一）模式分析

资源共享模式的基本特点：一是实现培养与培训相结合；二是开展“订单培养”，学校按照企业人才要求标准为企业定向培养人才；三是实现学生、教师、学校、企业共赢。

资源共享模式适用于所有职业学校。在实施这种模式时，应坚持优势互补、资源共享、互惠互利、共同发展的原则。

校企合作资源共享模式因其适用范围广，学生、学校、企业共同受益且明显等特点，得到了很多学校和企业的认同，被许多学校所采用。这是目前我国计算机教育领域校企合作采用比较多的一种模式。其优势如下：一是解决了学校生产实习教学所需的场地、设备、工具、指导教师不足等问题；二是促进了学校的招生工作，广泛的订单培养模式的实施，使学生毕业即就业，顺畅的就业渠道促进了学校招生；三是为构建高素质的“双师型”教师队伍创造了方便条件；四是为在岗职工文化与技能培训找到优质的教育资源。资源共享模式虽然被大多数学校采用，但资源共享模式有其优势也有一定的局限性，其主要局限是合适的选择。如合作的实习单位或实习岗位选择的不合适将不能实现“优势互补、资源共享、互惠互利、共同发展”，不仅如此，还有可能给合作的双方带来负担或者伤害。

（二）案例启示

1. 得到了企业的优质资源

学校和企业联合共同培养“双师型”教师队伍。某汽车工程学校与某汽车集团合作，集团出资 800 万元人民币，学校出资 100 万元人民币，共同培养高技能型教师。经过培训的“培训师”专业教师，不仅要担负学校专业教师的培训任务，还要承担地方汽车专业教师培训任务，同时又在集团兼任在岗职工的培训任务。校企教师、设备、教材优势互补、互惠互利，在社会、汽车业产生了很大影响，全国各地汽车及相关品牌企业也加入了人才培训基地的建设。

2. 实现了资源共享

例如，某汽车工程学校除了学历教育培养未来的汽车中等技术人才外，学校还自觉承担起面向企业培训员工的任务。企业与学校共同结合改革和发展的实际，制订计算机教育培训规划与年度计划，积极开展员工的全员培训和全过程培训，努力建设学习型企业。来自汽车发动机公司的汽车发动机装配初级工、中级工、高级工、技师四个级别共 146 人，加工中心操作工 78 人，由学校具有丰富教学经验的专业课教师和外聘专家上课，以国家人力资源和社会保障部技术等级教材为内容进行培训，并结合公司生产实际，安排技能操作实习课。

3.“互惠互利”在校企合作中得到体现

通过合作，企业向学校提供仪器、设备和技术支持，建立校内“教学型”实习、实训基地。同时，企业根据自身条件和实际需要，在厂区车间内设立“生产与教学合一型”校外实习、实训基地。学校与企业各得所需。

四、厂校合一模式

厂校合一模式，即企业（公司）与学校合作办学，成立独立办学机构，实现企业（公司）与学校合一。合办的办学机构或以企业冠名或以学校冠名。办学机构教学计划是根据企业的需要，由企业组织专家提出方案，学校审核后制定的。学生的实训、毕业设计主要由企业组织落实。

（一）模式分析

这种模式以培养学生的全面职业化素质、技术应用能力和就业竞争力为主线，充分利用学校和企业两种不同的教育环境和教育资源，通过学校和合作企业双向介入，将在校的理论学习、基本训练与企业实际工作经历的学习有机地结合起来。其主要特征是：一是学校与合作企业要建立相对稳定的契约合作关系，形成互惠互利、优势互补、共同发展的动力机制；二是企业为学生提供工作岗位、企业对学生的录用由企业与学生双向选择决定。厂校合一即企业（公司）与学校合一、教学设备与企业（公司）设备合一、员工与学生合一、教学内容与公司生产产品合一。这种模式适用于学校根据市场需求新增设的专业或为适应市场需求而改建的专业。

在选择合作伙伴时要以市场需求为基本原则，应坚持可行性原则。

厂校合一模式的优势：一是有利于激发企业办学的积极性；二是有利于学校建立起以市场为导向的培养目标；三是有利于形成灵活而具职业功能性的课程体系；四是有利于实施实践教学；五是有利于培养“双师型”教师队伍。

（二）案例启示

1. 培养企业所需要的技术人才

厂校合一模式的结合点主要体现在专业开发和专业设置上，企业所需要的人才是学校在一定的专业中定向培养出来的，因而专业设置必须合乎市场的需要。某职业技术学院“号准市场脉搏”，以社会的需要而不是学校现有的条件来设置、调整专业，创设电子商务、通信与信息技术应用、应用生物技术、精细化工工艺等新专业，强调培养具有实际工作经验的人才、能解决企业实际问题的人才。该校创造性地提出“零适应期”的培养目标，要求培养出来的学生与社会“零距离”，到企业上岗“零适应期”。正因为有以市场为导向的培养目标和行之有效的培养措施，该校培养出的毕业生特别受社会欢迎，赢得了社会声誉，也奠定了校企合作的坚实基础。

2. 真正激发企业办学的积极性

计算机教育改革与发展的根本动力从客观上说不是来自教育部门内部，而是来自经济部门和就业部门。一所计算机院校的成功，无论是专业设置、培养计划的制订、教学环节的实施，还是学生的就业都离不开企业的支持配合。某职业技术学院通过厂校合一的合作方式，向企业提供高质量的毕业生。学校教师到企业兼职，帮助企业进行技术开发。通过专业或班级用企业命名、在校园免费给企业提供厂房、展示平台等方式，促进了企业的发展，提高了企业的效益，扩大了企业的知名度。这些措施极大地激发了企业办学的积极性。企业会以更大的热情投身到合作院校的发展中来。

3. 课堂教学与现场教学有机结合

厂校合一模式正是把课堂教学与现场教学有机结合起来，既为学生掌握必要的职业训练和做好就业准备提供了条件，又可以把在工作岗位上接触到的各种信息反馈给学生，使学校不断更新课程教学内容，提高人才培养质量。

4. 实施项目实例教学法

项目实例教学法的实施，不仅使学生在技能水平上达到了一个经验型技能人才的标准，而且将一个真实生产环境下的企业文化、管理系统、业务规范、质量要求氛围呈现在学生面前，对学生产生了潜移默化的影响。

五、科技创新服务型模式

（一）模式分析

1. 科技创新服务型模式的特点

一是以职业学校为主体，以科技创新服务为切入点，服务于企业；二是利用学校自身教师和教育设施的优质资源，开展科技创新，研发新产品、新技术，以产促教，使教育资源得到充分合理利用；三是发挥了学校在产、学、研合作中的主导作用，兼顾了学校效益、经济效益、社会效益。

校企合作科技创新服务型模式中拟合作的对象是与职业学校重点和品牌专业相对应的或相关的行业、企业、科研机构、其他高校等部门。

实施此种模式：一是要坚持与职业学校所设专业相同或相关的原则，这样既可充分利用学院相关专业的人员、设备进行科技创新研究、服务，同时，因项目合作需要添置人员、设备，也可以服务于高职专业教学，从而实现教育资源优化配置，促进专业建设；二是要坚持以社会经济发展需要，为当地支柱行业发展提供科技创新服务的原则，侧重技术应用研究，注重新技术的应用与推广，并结合学校在技术应用研究领域的相对优势，从而奠定合作项目的可行性基础。

2. 科技创新服务型模式的优势

科技创新服务型模式的实质是产、学、研结合，这是一种以科研合作为主的合作，目的是促进科研成果的转化。它的优势有以下几点。

①有助于计算机院校学生综合素质与能力的培养。从有利于人才培养的角度出发，学生通过参与科技创新服务，结合所学专业知识与技能，锻炼了创新思维与解决实际问题的能力，并且科技创新服务型模式能使学生更深层次地接触、认识企业的生产实践，从而也在一定程度上提高了学生的就业竞争能力。

②有助于教师科研能力的培养和“双师型”教师队伍建设。以科技创新服务为切入点，一则强化了教师的科研意识，促使教师深入企业，主动进行应用技术研究；二则通过各科技创新服务平台为教师进行技术应用研究提供了便利，帮助教师提高了科研能力；三则促进计算机院校教师提高了技术应用能力，使其所授专业与该行业的先进技术密切相连，从而培养出掌握该行业先进技术、满足行业企业需要的技术、技能型人才。

③有助于与行业技术发展保持一致的专业建设。计算机院校以培养应用型人才为主要特征，其专业建设必须与相关行业技术应用发展紧密联系。职业学校只有与企业合作进行科技创新研究，才能使专业建设与行业发展保持一致而不滞后，以确保其人才培养目标的实现。

科技创新服务型模式要求服务的技术含量高，它要求具有高科技含量的科研成果和实用技术。就目前职业学校的现状来看，一般职业学校不具有这种实力，因此适用范围有限。

（二）案例启示

1. 市场需求是此模式成功的基础

学校自身的科技创新能力是成功的关键，校企双赢是成功的动力。市场需求是校企合作科技创新服务型模式成功的基础。目前我国只有部分大型企业具备一定的产品研发能力，而绝大部分中小型、民营企业基本上不具备自行投入科研的实力。企业研发水平的现状呼唤市场为其提供从产品的设计开发到批量生产的科技创新服务。这就为科技创新服务提供了机遇，能否抓住这个机遇科研能力就成了关键。

学校自身的科技创新能力是成功的关键。某工贸职业技术学院具有国家级的精品专业及掌握精品技术的教师；某城市建设学校拥有国家一级建材试验室及50余名具有国家一级职业资格证书的教师。两所学校都建立了提供技术创新服务的专门机构——技术创新服务中心。校企双赢是成功的动力。该城市建设学校研发的“绿色环保高性能混凝土最佳配合比”成果用于企业，仅一个工程项目就为企业节约成本近百万元，企业在取得了经济效益的同时又有环保收获。在服务的同时学校也取得了收获，合作企业不仅为学校安排施工现场作为专用教学地点，并无偿提供人员、设施、仪器的支持，还为学校模拟售楼处赠送了价值近20万元的沙盘模型。

2. 专业建设与行业技术发展保持一致

专业建设是职业学校与经济社会发展的重要接口。“按照市场需求设置专业，按照岗位需求设置课程”是职业学校专业设置、课程改革的依据，从专业、课程的设置，到教学计划的修订、教材的开发，直至教学效果的评价，无不都围绕企业用人的标准在进行。然而，要想让专业建设的速度与经济发展及技术更新的速度并驾齐驱并不容易。“专业建设与行业技术发展保持一致”变成了某些职业学校的奢望，是可望而不可即的事情。这两个案例还为我们提供了专业建设引领行业发展、促进行业发展的成功经验，也体现了教育的领先性、超前性。

3. 以产业发展促进专业建设

利用所办精品专业的品牌优势创建相应产业。例如，某城市建设学校成立了建筑技术咨询、房地产信息咨询、物业管理等股份制企业；某工贸职业技术学院围绕鞋类设计与工艺专业建设需要，建立了中国鞋都技术中心、轻工产品舒适度研究中心、鞋类数字化重点实验室、鞋类材料研究中心、温州传统工艺美术研究所等相关机构。这些机构的设立促进了学校专业建设和发展，在使教育资源得到充分合理利用的同时还为学校进一步发展提供了资金支持。

4. 适用范围

校企合作科技创新服务型模式不仅适合于高等职业学校也同样适合于中等职业学校，也就是说能否提供科技创新服务只与学校的科技创新水平有关，而与学校的层次无关。

六、企业参股、入股模式

企业参股、入股模式就是企业通过投资、提供设备和设施等方式，参股、入股举办职业教育。

（一）模式分析

企业参股、入股模式的基本特点：一是学校、企业双方共同出资，利润和风险共同承担，校企合作体具有独立法人资格；二是学校既有利用自身教育资源优势，努力为企业提供合格人才的义务，同时又有从企业一方获得投资回报，要求企业为其获得的人才“买单”的权利；三是企业既有为所需人才的培养付费并提供相关支持的义务，又有要求学校按质量与数量提供合格人才的权利。

（二）案例启示

1. 有利于建立相应培训机制

大的企业或企业集团需要长期、有计划地录用符合本企业特殊需要的技能型人才，那么，采用这种模式，可有利于建立由企业“购买”培训成果的机制。

2. 注重企业文化的渗透教育

在进行“订单”式培养的教学实践中，校企双方十分重视对学生进行企业文化的渗透教育。每次企业冠名班开学或者学生与企业举办联谊会，企业领导都亲自参加，宣传企业文化，介绍企业的历史和经营理念，以企业各自独特的文化亲和力，对这些企业未来的员工进行熏陶。学生们都以进入企业冠名班为骄傲，以一种“准员工”的使命感自觉进行知识和能力储备。

七、“双元制”模式

“双元制”是德国首创的一种计算机教育模式。其基本操作形式是，整个教育教学过程分别在企业和职业学校两个场所进行，企业主要负责实践操作技能的培训，学校主要负责专业理论和文化课的教学。

（一）模式分析

这种模式的基本特点：一是教学过程分别在企业和职业学校两个场所进行；

二是企业主要负责实践操作技能的培训；三是学校负责专业理论和文化课的教学；四是接受“双元制”职业教育的人既是企业学徒，也是职业学校的学生；五是从事计算机教育的人既有企业的培训师傅，也有职业学校的教师。它适用于借鉴“双元制”的学校及专业。

（二）案例启示

①制定统一的培训规章和制订统一的教学计划。

②受培训者与企业签订培训合同，成为企业学徒。

③受培训者在职业学校注册，成为学校的学生。

④受培训者在不同的学习地点接受培训与教育。

⑤进行中间考试与结业考试。

⑥企业和个人双向选择确定工作岗位。

⑦接受“双元制”培训的技术工人还可以通过多种途径进行深造、晋级（职）。

参考文献

［1］张成琦，李立．计算机教育移动网络课堂的发展探究［M］．成都：四川大学出版社，2018.

［2］张晓慧．计算机应用技术专业人才培养方案及核心课程标准［M］．合肥：中国科学技术大学出版社，2016.

［3］申晓改．计算思维与计算机基础教学研究［M］．成都：电子科技大学出版社，2018.

［4］田萍，韩媞，崔嘉．计算机教学模式研究［M］．北京：光明日报出版社，2017.

［5］张际平．计算机与教育：实践、创新、未来［M］．北京：新华出版社，2014.

［6］史巧硕，柴欣．大学计算机基础与计算思维［M］．北京：中国铁道出版社，2015.

［7］耿煜，苑嗣强．计算思维导向下 MOOC + SPOC 混合教学模式的计算机基础课程改革研究［M］．北京：中国商业出版社，2018.

［8］邓达平．计算机软件课程设计与教学研究［M］．西安：西安交通大学出版社，2017.

［9］刘东．计算机教育教学课程研究与实践［M］．北京：知识产权出版社，2012.

［10］孙俊逸．高校计算机教育教学创新研究［M］．武汉：华中科技大学出版社，2010.

［11］韩利华，苏燕，阮莹，等．高校计算机教学模式构建与改革创新［M］．长春：吉林大学出版社，2018.

［12］刘念祖．大学数学与计算机公共基础课程的教学研究［M］．上海：立信会计出版社，2012.

[13] 刘东. 应用型大学计算机教学与实践 [M]. 北京：知识产权出版社，2011.

[14] 高等学校计算机应用型人才培养模式研究课题组. 高等学校计算机科学与技术专业应用型人才培养模式及课程体系研究 [M]. 北京：高等教育出版社，2012.

[15] 龚敏，傅成华. 理工院校教育教学改革与实践 [M]. 成都：西南交通大学出版社，2011.

[16] 朱夕曙. 微时代高校计算机教学的创新与发展 [J]. 信息与电脑（理论版），2018（23）.

[17] 方洁. 高校计算机课程微课资源开发现状与策略分析 [J]. 电脑知识与技术，2018，14（32）.

[18] 张亚娟. 基于社会需求的计算机教学改革途径 [J]. 课程教育研究，2018（52）.

[19] 王喜威. “互联网 +” 背景下高校计算机教学改革探索 [J]. 计算机产品与流通，2018（12）.

[20] 金叙伶. 慕课时代的高校计算机应用基础教学方法创新研究 [J]. 才智，2018（32）.

[21] 孟纯煜，卢雪松. MOOC 背景下高校计算机课程的要点探讨 [J]. 信息与电脑（理论版），2018（18）.